Christine Drühe-Wienholt

Plötzlich Führungskraft

Tipps und Tools für effektives Management

BusinessVillage
Update your Knowledge!

Christiane Drühe-Wienholt

Plötzlich Führungskraft

Tipps und Tools für effektives Management

Göttingen: BusinessVillage, 2005

ISBN: 3-934424-93-7

© BusinessVillage GmbH, Göttingen

Bezugs- und Verlagsanschrift

BusinessVillage GmbH

Reinhäuser Landstraße 22

37083 Göttingen

Telefon: +49 (0)5 51 20 99-1 00

Fax: +49 (0)5 51 20 99-1 05

E-Mail: info@businessvillage.de

Web: www.businessvillage.de

Layout und Satz

Sabine Kempke

Korrektorat

Aniela Knoblich

Bestellnummern

PDF-eBook Bestellnummer EB-616, 14,80 €

Druckausgabe Bestellnummer PB-616, 21,80 €

ISBN: 3-934424-93-7

BusinessVillage
Update your Knowledge!

Über die Autorin

 Liebe Leserin, lieber Leser, darf ich mich Ihnen als Autorin dieses Buches kurz vorstellen? Ich bin Dr. Christiane Drühe-Wienholt, Diplom-Psychologin, Betriebswirtschafterin SGBS und MA Personalentwicklung. Ich bin freiberuflich als Professioneller Coach tätig und schlage mit meinen Dienstleistungen eine Brücke zwischen Management und Psychologie.

Meine Themen im Coaching sind Selbstmanagement, Führung, Potenziale entfesseln, der Umgang mit der Herausforderung Komplexität, Work-Life-Balance, Motivation und ganzheitliche Persönlichkeitsentwicklung. Ich arbeite systemisch und integrativ und habe inzwischen ein eigenes Coaching-Modell entwickelt: das Modell der geistigen Intelligenz.

Neben Einzel-Coachings für Privatpersonen und Unternehmen biete ich auch Workshops und Seminare an. Außerdem schreibe ich Bücher zu Themen, die die Bereiche Management und Psychologie verbinden.

Potenziale zu entfesseln ist mir ein wichtiges Anliegen in meiner Arbeit. Ich ermutige meine Kundinnen und Kunden dazu, das zu wecken, was in ihnen ruht, und ihre Potenziale zu entfalten und zu nutzen, anstatt weiterhin Kompetenzen anzusammeln. Darin liegt nach meiner Erfahrung der Schlüssel zu mehr Arbeits- und Lebenszufriedenheit. Mein Vorgehen wurde unter anderem durch die Ergebnisse meiner Studie zum Thema Werte und Identität im Arbeitsleben von Männern und Frauen inspiriert.

Potenziale zu entfesseln ist auch ein wichtiger Aspekt auf Ihrem Weg zu einer guten Führungskraft. Den richtigen Weg zur Motivation schlagen Sie ein, wenn Sie Ihre eigenen Potenziale und die Ihrer Mitarbeiter entfesseln. Erste Schritte auf diesem Weg lernen Sie in diesem Buch kennen.

In meinen Coachings mit Führungskräften aus unterschiedlichen Branchen und Hierarchiestufen habe ich viele Anregungen für diesen Praxisleitfaden erhalten, die ich auf diesem Wege gern weitergeben möchte. Gerade die Herausforderungen und Erwartungen, die Ihnen als angehender Führungskraft begegnen, werden oft unterschätzt und in der aktuellen Führungsliteratur vernachlässigt. Dem möchte ich Abhilfe schaffen.

Kontaktdaten der Autorin:

Dr. Christiane Drühe-Wienholt
Strategisches Coaching
Unterhachinger Str. 87
D- 81737 München

Telefon: + 49 (89) 67 37 11 30
Telefax: + 49 (89) 67 37 11 36
E-Mail: c.druehe-wienholt@strategisches-coaching.de
Web: www.strategisches-coaching.de

Worum es geht

In Ihrem bisherigen beruflichen Leben haben Sie schon eine beachtliche Strecke zurückgelegt und eine ganze Reihe von Herausforderungen bewältigt. Jetzt stehen Sie an einem Wendepunkt Ihrer Karriere: aus einem Fachexperten ohne Leitungsfunktion haben Sie sich zu einer Führungskraft entwickelt. Sie übernehmen eine neue Rolle mit neuen Verantwortungen und Verpflichtungen: Sie sind zukünftig nicht mehr nur noch für sich selbst und Ihre eigenen Aufgaben verantwortlich, sondern auch für andere Menschen – Ihre Mitarbeiter. Außerdem bewegen Sie sich in einem deutlich komplexeren Beziehungsnetzwerk aus Mitarbeitern, Kollegen und Vorgesetzten, als das bei Ihrer vorherigen Tätigkeit der Fall war.

Das vorliegende Buch soll Ihnen helfen, sich auf Ihre neue Rolle als Führungskraft vorzubereiten, und Ihnen einen Einstieg in zentrale Themen geben. Ich möchte Ihnen ein anderes Bewusstsein von Führung vermitteln, als Sie es bisher vielleicht in Management-Ratgebern vorgefunden haben.

Dieses Buch ist ein Leitfaden, der Ihnen Anregungen für eine neue Sicht- und Denkweise als Führungskraft und Tipps für einen gelungenen Start gibt.

Wenn Sie im Zweifel darüber sind, ob Sie überhaupt eine Rolle als Führungskraft übernehmen wollen, hilft Ihnen dieser Leitfaden, Ihre Ansichten auf den Prüfstand zu stellen und zu einer Entscheidung zu kommen.

Überprüfen Sie Ihre Überzeugungen und Pläne, bevor Sie unter Umständen in eine Führungsposition „hineinbefördert" werden, in der Sie nur unglücklich und unzufrieden sind und aus der ein Zurück in den meisten Fällen ohne Gesichtsverlust nicht möglich ist. Vergessen Sie nicht: Unternehmen brauchen nicht nur gute Führungskräfte, sondern auch kompetente und engagierte Mitarbeiter in der zweiten und dritten Reihe.

Checklisten zum Selbst-Coaching unterstützen Sie bei der Auseinandersetzung mit Ihrer neuen Führungsrolle. Selbst-Coaching bedeutet, dass Sie – angeleitet durch die Hintergrundinformationen und Fragen in diesem Buch – als Ihr eigener Coach an Ihrer Entwicklung zu einer effektiven Führungskraft arbeiten. Ich habe diesen Praxisleitfaden als ein Arbeitsbuch konzipiert, das heißt, Sie finden in den einzelnen Checklisten jeweils Platz für Ihre Antworten und Überlegungen. Nutzen Sie ihn. Nehmen Sie sich dieses Buch nach einigen Wochen oder Monaten wieder zur Hand, um sich an Ihre Vorhaben zu erinnern, Ihren Entwicklungsstand zu überprüfen und neue Anregungen zu bekommen.

Es ist sinnvoll, wenn Sie sich für diese Entwicklungsarbeit zusätzlich im privaten oder beruflichen Umfeld immer wieder Gesprächspartner und Feedbackgeber suchen.

Neben der rationalen Verarbeitung und der Vorbereitung auf Ihren Rollenwechsel ist es unerlässlich, dass Sie sich mit den so genannten weichen Faktoren, den soft skills, auseinander setzen. Dazu gehören beispielsweise Ihre eigenen Wertvorstellungen und Ziele, aber auch die Bedürfnisse, Wertvorstellungen und Ziele Ihrer Mitarbeiter. Soziale und emotionale Kompetenzen werden oft zu Gunsten der „eigentlichen" Arbeitsaufgaben vernachlässigt – ein Fehler, der sich sehr bald negativ auswirken wird: beispielsweise in wenig motivierten Mitarbeitern, die ein freizeitorientiertes Schonungsverhalten am Arbeitsplatz an den Tag legen und nicht mit Ihnen mitziehen.

Eine Voraussetzung dafür, dass Sie eine „gute" Führungskraft werden, ist, dass Sie wissen, was für Ihr eigenes Denken und Handeln entscheidend ist. Was sind Ihre Wertvorstellungen und Ziele, Ihre Motive und Bedürfnisse? Eine gute Führungskraft zu sein, heißt übrigens nicht, dass Sie immer der „nette" Chef und „everybody's darling" sind. Zu einer guten Führungskraft gehört es auch, unbequeme Entscheidungen zu treffen und unangenehme Dinge anzusprechen.

Der zweite Schritt ist, dass Sie eine positive Einstellung zu Ihrer Führungsaufgabe entwickeln: Sie werden jetzt nicht mehr dafür bezahlt, Aufgaben selbst zu erledigen, sondern dass die Aufgaben erledigt werden. Führung ist etwas, was nun ganz selbstverständlich zu Ihrem Arbeitsalltag gehört und einen entsprechenden Raum in Ihrer Planung einnimmt. Und: Führung darf Ihnen nicht

peinlich sein. Je selbstverständlicher Sie Ihre Führungsaufgaben wahrnehmen, desto weniger Missverständnisse oder Probleme wird es in Bezug auf Ihren Führungsanspruch geben. Vernachlässigen Sie Ihre Führungsaufgaben nicht zu Gunsten der „eigentlichen" Arbeit – Führung ist jetzt Ihre eigentliche Aufgabe, für die Sie bezahlt werden, (fast) alles andere können Sie delegieren!

Ausführungen und Anregungen zu den beiden ersten Schritten auf dem Weg zur effektiven Führungskraft finden Sie in Kapitel 1.

Der dritte Schritt ist, dass Sie sich mit den Wertvorstellungen, Bedürfnissen und Zielen Ihrer Mitarbeiter auseinander setzen. Der Schlüssel zu motivierten Mitarbeitern liegt in der Anerkennung und Wertschätzung ihrer Person und ihrer Leistungen sowie der Förderung und Herausforderung ihrer Potenziale. Mehr zu diesen Themen können Sie in den Kapiteln 3 und 4 nachlesen.

Weitere für Sie entscheidende Rollen spielen Ihr Vorgesetzter, Ihre neuen Kollegen und Ihr Unternehmen an sich. Auch auf diesen Ebenen begegnen Sie immer wieder den Themen Sinn, Wertvorstellungen und Ziele. Die Kapitel 2 und 5 beschäftigen sich mit Ihrem neuen, komplexeren Netzwerk.

Ich wünsche Ihnen viele Anregungen und Erkenntnisse beim Lesen dieses Buches und viel Erfolg, Freude, Mut und Kreativität bei der Bewältigung Ihrer neuen Herausforderung als Führungskraft! Für Ihre neue Aufgabe möchte ich Ihnen das Motto eines polnischen Schriftstellers mit auf den Weg geben, auf das ich an späterer Stelle noch einmal eingehen werde:

Zitat

Hinter jeder Ecke lauern ein paar Richtungen.

Stanislaw Jerzy Lec

Seien Sie offen dafür und nehmen Sie sie wahr.

1. Herausforderungen wollen bewältigt werden: Jetzt sind Sie an der Reihe

Das erste Kapitel dieses Buches beschäftigt sich vor allem mit Ihnen. Es geht darum, dass Sie bestimmte Aspekte Ihrer Persönlichkeit besser kennen lernen, die für Ihre zukünftige Aufgabe als Führungskraft relevant sind. Vielleicht plagen Sie gelegentlich Ängste, ob Sie Ihrer neuen Aufgabe überhaupt gerecht werden und sie bewältigen können. Eine innere Stimme wird Ihnen vermutlich sagen, dass Sie es schaffen werden. Die nachfolgenden Ausführungen sollen Ihnen dabei helfen, dieser inneren Stimme ein stärkeres Gewicht zu verleihen, damit Sie mehr Sicherheit erlangen und bald die Erfahrung machen: Ich schaffe es!

Wer Sie sind – Ihre Wertvorstellungen, Motive und Ziele

Wer Sie sind, steht natürlich in Ihrem Personalausweis. Zu Ihrer Identität gehören allerdings Informationen, die weit über Ihren Namen, Ihren Wohnort oder Ihr Geburtsdatum hinausgehen. Ihre Identität besteht aus Ihrer Persönlichkeit und Ihren bisherigen Lebenserfahrungen, Ihren Bedürfnissen, den Motiven, die Sie bisher zum Handeln bewegt haben und auch zukünftig bewegen werden, Ihren Wertvorstellungen, Ihren Vorstellungen von Sinn und Ihren persönlichen Zielen. Diese Themen sind für Ihre neue Aufgabe als Führungskraft von zentraler Bedeutung,

Abbildung 1: Jetzt geht's los!

Checkliste zum Selbst-Coaching: Thema Führungspersönlichkeit

Wie sieht es in Bezug auf

- Ihren Mut, auch unbequeme Entscheidungen zu treffen und zu vertreten
- Ihre Loyalität gegenüber Vorgesetzten und Ihren (zukünftigen) Mitarbeitern
- Ihre Kreativität für neue Ideen, Konzepte und Prozesse
- Ihren Mut, Ihre eigene Meinung zu vertreten und nicht aus lauter Bequemlichkeit ja zu sagen oder sich wie ein Chamäleon zu verhalten
- Ihre Kommunikationsfähigkeiten nach oben und nach unten, und zwar möglichst ohne „Übertragungsfehler"
- Ihre Integrität und Authentizität, das heißt, in welchem Ausmaß Ihr Verhalten berechenbar ist und Sie zu Ihrem Wort stehen
- Ihre Kritikfähigkeit
- Ihr Herz und Ihren Sachverstand aus?

Wo gibt es noch Verbesserungsbedarf?

Seien Sie möglichst ehrlich zu sich selbst. Und vergessen Sie nicht: Es ist noch kein Meister vom Himmel gefallen und kein Mensch wird als gute Führungskraft geboren. Wenn Sie Ihre Schwächen in puncto Führungspersönlichkeit erkennen, kann dies der erste Schritt sein, sie zu beheben.

so dass es spätestens an diesem Wendepunkt Ihrer Karriere erforderlich ist, dass Sie sich mit ihnen auseinander setzen und sich selbst besser kennen lernen.

Zu Ihrer Persönlichkeit gehört auch, ob Sie beispielsweise eher zurückhaltend, kooperativ, zuverlässig, kritisch, kontaktfreudig, einzelgängerisch, ehrgeizig oder impulsiv sind. Eine genauere Analyse Ihrer Persönlichkeit würde den Rahmen dieses Leitfadens allerdings sprengen. Wenn Sie in dieser Richtung mehr über sich erfahren wollen, sollten Sie einen erfahrenen Coach kontaktieren (siehe auch die Empfehlungen im letzten Kapitel). An Führungskräfte werden in Bezug auf ihre Persönlichkeit immer besondere Erwar-

tungen herangetragen. Bisweilen lesen sie sich wie Beschreibungen von omnipotenten Supermenschen. Dennoch gibt es einige Eigenschaften, die für Sie als Führungskraft förderlich sind. Stellen Sie sich selbst auf den Prüfstand:

Doch nun zu einem weiteren Bestandteil Ihrer Identität: Ihren Wertvorstellungen. Wertvorstellungen sind ein Bezugssystem, das uns dabei hilft, eine grobe Ausrichtung unseres Lebens vorzunehmen. Es hilft uns bei der Beantwortung der Frage, welche Art von Leben wir führen möchten – im Privaten und im Beruf. Werte helfen uns, Komplexität zu reduzieren und uns im Alltag besser zurechtzufinden. Sie sind in der Regel über die Zeit

Abbildung 2: Über den richtigen Umgang mit Fehlern

stabil und vermitteln uns Sinn. Das heißt, sie helfen uns, sinn-voll zu handeln, also etwas zu tun, das intuitiv „richtig", frei von selbstsüchtigen, egozentrischen Motiven und zum Wohle aller Beteiligten ist. Wertvorstellungen und Sinn hängen also unmittelbar zusammen: Werte beschreiben, was allgemein sinnvoll ist, und geben uns einen roten Faden für den Alltag an die Hand.

Wenn wir nach unseren Wertvorstellungen leben, erfahren wir ein tiefes Gefühl von innerer Zufriedenheit, Stimmigkeit und Harmonie. Wertvorstellungen haben also auch eine sehr starke emotionale Komponente.

Unsere Wertvorstellungen sind in unserem Unterbewusstsein verankert und ermöglichen uns so eine schnelle Informationsverarbeitung. Im Alltag müssen wir uns also nicht erst unserer Wertvorstellungen bewusst werden, sondern wir verhalten uns in der Regel so, wie wir es für wertvoll erachten. Wertvorstellungen entspringen grundlegenden menschlichen Bedürfnissen, beispielsweise nach Harmonie, Wohlstand, Liebe, Sicherheit, Macht etc.

Wie sieht es mit Ihren Wertvorstellungen aus? Versuchen Sie anhand der folgenden Liste von Wertebereichen herauszufinden, an welchen Werten Sie Ihr berufliches Denken und Handeln ausrichten. Kreuzen Sie dazu in der ersten Spalte drei Wertebereiche an, die für Sie besonders wichtig sind.

Ihre Wahl	Wertebereich	Ausprägung
	Abenteuer	Immer etwas Neues und Unbekanntes erleben wollen
	Anregung	Suche nach Begeisterung, Neuheit und Herausforderungen im Leben; Reisen, Offenheit
	Altruismus/ Wohltätigkeit	Sich um das Wohl anderer Menschen kümmern; Hilfsbereitschaft, Ehrlichkeit, Zugehörigkeit, Wertschätzung
	Anerkennung	Von anderen Menschen anerkannt und akzeptiert werden
	Erwerb/Ökonomie	Den eigenen Wohlstand und Besitz steigern
	Gerechtigkeit	Streben nach Gerechtigkeit; Prinzip von Leistung und Gegenleistung
	Kooperation	Dinge gemeinsam erledigen; Gemeinschaftsgefühl, Netzwerke, Solidarität, Konfliktlösungsfähigkeit
	Leistung	Im Leben etwas leisten und Erfolg haben; Ehrgeiz, Zielerreichung, Umsetzung von Wissen, Qualität, Motivation
	Macht	Anweisungen geben, Kontrolle, Prestige, sozialer Status, Autorität, Karriere, Ansehen, Verantwortung
	Pflichterfüllung	Aufgaben, die verlangt werden, gewissenhaft und zufrieden stellend ausführen; Zuverlässigkeit, Fleiß, Pünktlichkeit
	Selbst-verwirklichung	Eigene Ideen, Gedanken und Vorstellungen verwirklichen können; unabhängiges Denken und Handeln, Kreativität
	Sicherheit	Sich sicher fühlen können und keine Angst haben; Stabilität, Harmonie, finanzielle Sicherheit
	Toleranz	Einstellungen und Verhalten anderer Menschen akzeptieren, wenn sie von den eigenen Vorstellungen abweichen; Achtung, Respekt
	Universalismus	Verständnis, Dankbarkeit, Toleranz und Schutz für das Wohlergehen aller Menschen und der Natur; Weisheit, Frieden, Gleichheit, Menschlichkeit, Zufriedenheit
	Verantwortung	Für das eigene Verhalten Verantwortung übernehmen und für die Folgen einstehen
	Vertrauen/Kontakt	Vertraute Menschen haben, die Rückhalt geben
	Wissens-erweiterung	Das eigene Wissen ständig erweitern und verbessern; Lernbereitschaft, Weiterbildung

Es gibt natürlich keine richtigen oder falschen Wertvorstellungen. Ihre Wertvorstellungen sind ein Bestandteil Ihrer Identität und bestimmen Ihr Denken und Handeln – auch in Ihrer neuen Rolle als Führungskraft. Deshalb ist es wichtig, dass Sie Ihr eigenes Wertesystem kennen.

Checkliste zum Selbst-Coaching: Thema Wertvorstellungen

Inwieweit können Sie Ihre Wertvorstellungen bei Ihrer Arbeit umsetzen?

Folgende Werte kann ich gut umsetzen:

Folgende Werte kann ich nur schlecht oder gar nicht umsetzen:

Welche Ihrer Werte sind für Ihre neue Rolle förderlich?

Welche Werte sind für Sie als Führungskraft eher hinderlich? Wie können Sie mit diesem Spannungsverhältnis umgehen? Können Sie diese Wertvorstellungen vielleicht in Ihrer Freizeit verwirklichen?

Nicht nur Sie haben Wertvorstellungen und den Wunsch, sinnvoll zu handeln und zu leben, sondern auch Ihre Mitarbeiter und Ihr Unternehmen. Wenn Sie Ihre eigenen Wertvorstellungen kennen, können Sie sich auch mit den Werten anderer befassen. Sie können Übereinstimmungen und Spannungen erkennen und erfahren, wie Sie Ihre Mitarbeiter am besten motivieren. Doch dazu später mehr.

Neben den Werten spielen auch Ihre Motive und Ziele eine entscheidende Rolle: Sie sind die treibende Kraft für Ihr Verhalten. Motive fragen nach dem Warum: Wir tun etwas, weil wir ein bestimmtes Bedürfnis befriedigen wollen. Das Ziel fragt nach dem Wozu: Wir tun etwas, um ein bestimmtes Ziel zu erreichen.

Motive und Ziele können miteinander in Verbindung stehen. Ein Ziel – beruflicher Erfolg – kann zur Befriedigung verschiedener Bedürfnisse dienen, zum Beispiel nach Sicherheit, Wohlstand, Macht und sozialem Ansehen. Bedürfnisse können auch bestimmte Ziele hervorrufen. Aus dem Bedürfnis nach Macht kann man in einer Prestige-trächtigen Firma arbeiten, Beziehungen pflegen, in bestimmte Netzwerke eintreten, Golf spielen etc. Gelegentlich stehen Motive und Ziele auch in einem Spannungsfeld zueinander. Beispielsweise wenn sich die Ziele Ihres Unternehmens aufgrund äußerer Gegebenheiten ändern.

Die Unterscheidung von Motiven und Zielen ist deshalb von Bedeutung, weil sie nicht nur zu inneren Konflikten führen, sondern auch

Energie zum Handeln freisetzen kann, die für das Führen mit Zielen von Bedeutung ist (siehe auch Kapitel 4). Für Sie als Führungskraft und Ihr Unternehmen sind die Ziele der Mitarbeiter relevant, nicht so sehr deren Motive. Dennoch ist es wichtig, zu wissen, welche Motive Sie selbst und Ihre Mitarbeiter antreiben.

Im Hinblick auf die Arbeitsmotivation werden drei zentrale Motive unterschieden: Leistung, Macht und Kontakt. Jeder Mensch verfügt über ein unterschiedlich stark ausgeprägtes Ausmaß dieser Motive. Für den einen steht Leistung im Vordergrund, für den anderen das Streben nach Macht oder Kontakt. Aus der Forschung ist bekannt, dass Menschen mit einem ausgeprägten Leistungsmotiv mehr leisten als Menschen mit einem starken Macht- oder Kontaktmotiv. Bei erfolgreichen Führungskräften überwiegt das Machtmotiv und nicht etwa das Leistungsmotiv – wie man vielleicht im ersten Moment meinen möchte.

Wie sieht es bei Ihnen aus? Was treibt Sie an: das Streben nach Macht, nach guten Leistungen oder nach vielen sozialen Kontakten? Bei Ihnen als guter Führungskraft sollte auch das Machtmotiv deutlich ausgeprägt sein, gefolgt von dem Leistungsmotiv. Das Kontaktmotiv sollte für Sie eine eher untergeordnete Rolle spielen: Sie wollen Ihre Zeit nicht in erster Linie mit Teamarbeit und gegenseitiger Unterstützung verbringen oder „everybody's darling" sein, sondern sich um die Erreichung Ihrer persönlichen Ziele kümmern.

Wie bereits gesagt: Motive und Ziele sind die treibende Kraft für unser Verhalten. Motive fragen nach dem Warum. Motive prägen unser Verhalten, sie stammen aus unserer Vergangenheit und befördern uns in eine reaktive Rolle. Ziele fragen nach dem Wozu und ermöglichen uns eine aktive, gestalterische Rolle. Ziele beziehen sich auf die Zukunft.

Aus meiner Praxis weiß ich allerdings, dass das Thema Ziele oft eine zweischneidige Angelegenheit ist. Lassen Sie mich kurz von den möglichen Schwierigkeiten berichten.

▨ Oft stellt sich heraus, dass die Ziele unklar sind. Das kommt insbesondere bei sehr komplexen und innovativen Themen vor. Niemand hat eine Vorstellung davon, wohin die Reise überhaupt gehen kann, geschweige denn gehen soll. Was Sie in dieser Situation allerdings machen können, ist ein Erwartungsmanagement. Das heißt, Sie können beschreiben, welche Erwartungen Sie an einen wünschenswerten Zielzustand stellen. Das gilt natürlich auch für Ihre ganz persönlichen Ziele, und um die geht es an dieser Stelle. Lassen Sie sich nicht durch die Komplexität der Situation und der Anforderungen lähmen, sondern fragen Sie sich: Wo möchte ich mich in Zukunft gern sehen?

▨ Ziele werden auch aus einem anderen Grund oft im Unklaren gehalten: Wer Ziele hat, muss auch über Fortschritte bei der Zielerreichung berichten. Er muss sein Handeln messen lassen und Verantwortung übernehmen. Damit wird er angreifbar. Mitarbeiter,

bisweilen sogar ganze Abteilungen vermeiden es lieber, Ziele zu nennen, um nicht angreifbar und zur Rechenschaft gezogen zu werden. Wie wichtig Ziele dennoch für unternehmerisches Handeln sind und welche Chancen sie bieten, können Sie in Kapitel 4 „Führen heißt Perspektiven geben und Potenziale entwickeln" lesen.

Wie Sie sehen, hat das Thema Ziele auch eine Menge mit Mut und der Bereitschaft, Verantwortung zu übernehmen, zu tun. Nehmen Sie Ihren Mut zusammen und ergreifen Sie Initiative für Ihre Zukunft – denn wie ich bereits oben gesagt habe: Ziele beziehen sich auf die Zukunft und ermöglichen Ihnen eine aktive und gestaltende Rolle.

Checkliste zum Selbst-Coaching: Thema Ziele

Was sind Ihre beruflichen Ziele?

Welche Ziele verfolgen Sie für die nächsten Monate?

Was sind Ihre Ziele für das nächste Jahr? Und für die nächsten 3 Jahre?

Wie stellen Sie sich Ihre Zukunft vor? Wo möchten Sie sich in 10 Jahren sehen?

Ziele und das Thema Führung sind sehr eng miteinander verknüpft. Wie eng, werden Sie im nächsten Abschnitt lesen. Für Ihre neue Aufgabe als Führungskraft ist es deshalb besonders wichtig, dass Sie Ihre persönlichen Ziele kennen.

Was heißt eigentlich Führung? Und was bedeutet es für Sie?

Zum Thema Führung und Führungsstile gibt es bereits unzählige Veröffentlichungen und Ratgeber. Einige Aspekte möchte ich an dieser Stelle herausgreifen, die Ihnen dabei helfen werden, Ihren persönlichen Führungsstil zu finden.

Denn genau darum geht es: einen Führungsstil zu entwickeln, der zu Ihnen, Ihren Mitarbeitern und den zu bewältigenden Aufgaben passt.

Befreien Sie sich dabei von den Vorstellungen von Führung, die Ihr Vorgänger vertreten hat. Natürlich ist es gut zu wissen, was für ein Erbe Sie antreten, jedoch nur um die Erfahrungen und Erwartungen Ihrer zukünftigen Mitarbeiter besser einschätzen zu können. Lösen Sie sich von dem Wunsch, alles besser machen zu wollen. Finden Sie stattdessen Ihren persönlichen Stil und führen Sie authentisch und integer. Damit machen Sie fast automatisch vieles anders – und manches vielleicht auch besser.

Definitionen zum Thema Führung

- Führung bedeutet gemeinsam mit Mitarbeitern unter wechselnden Bedingungen die Ziele zu verwirklichen, die dem Zweck und Auftrag des Unternehmens dienen.
- Führen ist die Kunst, andere Menschen dazu zu bewegen, das, was man von ihnen erwartet, gerne zu tun (Jürgen W. Goldfuss).
- You manage things, but you lead people (General Rickover).
- Manager do things right. Leaders do the right things (Peter Drucker).

In diesen Definitionen werden bestimmte Themen angesprochen: gemeinsam Ziele zu erreichen, motiviert und mit Freude zu arbeiten, Effektivität und Leadership.

Das Thema Leadership beinhaltet einen ganz neuen Führungsstil: die **transformationale Führung**. Nicht mehr die Menschen werden der Situation angepasst, sondern die Situation selbst wird gestaltet. Führung ist nicht mehr aufgabenbezogen, sondern mitarbeiterbezogen beziehungsweise situativ. Welche Rolle dabei die Entwicklungsstufe Ihrer Mitarbeiter spielt, erfahren Sie in Kapitel 3.

Was Manager tun	Was Leader tun
Arbeit im System: organisieren, planen, ausführen, kontrollieren, auswerten	Arbeit am System: die Organisation verändern und die Beziehungen zu den Menschen gestalten
Dinge und Menschen in Bewegung setzen	Visionen geben
Probleme lösen	Mitarbeiter anregen, ihre Potenziale und Stärken zu erkennen und zu entwickeln
Zukunft ist planbar und machbar: Zeithorizont etwa ein Jahr	Zukunft wird durch Visionen und Wünsche gestaltet. Außergewöhnliche Ziele werden mit außergewöhnlichen Wünschen vereinbart.

Was Managern wichtig ist	Was Leadern wichtig ist
Prozesse, Stabilität, Struktur; „Bewahrer"	Interesse an Menschen, Ehrfurcht, Vertrauen, Einstellung des Dienens
Werte: Pflichtbewusstsein, Verantwortung	Werte: Offenheit, Verständnis, Anerkennung, Loyalität

Effizienz	Effektivität
Managers do things right.	Leaders do right things.

Was erfolgreiche Unternehmen brauchen
Management und Leadership, Effizienz und Effektivität, um ihre Mitarbeiter zu Spitzenleistungen zu motivieren, den Kundennutzen zu mehren und die eigene Marktposition zu erhalten und auszubauen.

Abbildung 3: Unterschiede zwischen Managern und Leadern auf den Punkt gebracht

Führung versteht sich als eine Verwandlung Ihrer Mitarbeiter durch Sie als Führenden, so dass sie sich beispielsweise höhere Ziele setzen, sich an ihren Werten orientieren und nicht mehr nur aus reinem Eigeninteresse handeln. Aufgrund von Beziehungen, die auf Vertrauen, Anerkennung und Loyalität basieren, werden Ihre Mitarbeiter dazu gebracht, ihre Energie und Potenziale zu entfalten und zur Zielerreichung zu nutzen. Diesem Modell liegt die Vorstellung zugrunde, dass Menschen – sowohl Sie als auch Ihre Mitarbeiter – kreativ, eigenverantwortlich handelnd, selbstbewusst, sozial kompetent, kommunikativ, kooperativ, emotional, vertrauenswürdig und anderen vertrauend sowie zur Selbstführung fähig sind. Menschen, denen Sie mit diesem positiven, mündigen Menschenbild begegnen, haben Freude an ihrer Tätigkeit und daran, die richtigen Dinge zu tun und effektiv zu arbeiten.

Vielleicht denken Sie jetzt: „Das kann doch gar nicht funktionieren!", weil Ihnen spontan verschiedene Menschen – Kollegen, zukünftige Mitarbeiter oder Vorgesetzte – einfallen, auf die diese Beschreibungen nicht zutreffen.

Zum Beispiel Herr Küpper, der regelmäßig nach Brückentagen oder seinem Urlaub erst einmal krank ist und sich wohl von seinem anstrengenden Urlaub erholen muss. Oder Frau Hoffmann, die selten an ihrem Arbeitsplatz anzutreffen ist, dafür aber viel „im Haus unterwegs sein muss" – wozu, weiß allerdings niemand. Oder Frau Klein, die regelmäßig herumstöhnt und über zu viel

Arbeit klagt, nie Zeit hat, wenn Sie etwas Wichtiges von ihr wollen, dafür aber fast jedes Mal vergnügt telefoniert, wenn Sie das Büro betreten. Und dann noch Herr Schuster, der bereits eine halbe Stunde vor Dienstschluss seinen Schreibtisch aufräumt und sich durch ausführliche Toilettengänge, von denen er gut frisiert zurückkommt, auf seinen Feierabend vorbereitet.

Vielleicht heißen die Menschen in Ihrem Unternehmen nicht Küpper, Hoffmann, Klein oder Schuster – ähnliche Verhaltensweisen werden Sie jedoch sicherlich auch schon beobachtet haben.

Ziehen Sie dabei Folgendes in Betracht: Menschen – Sie eingeschlossen – verhalten sich so, wie man ihnen begegnet und es von ihnen erwartet. Wenn Sie Ihre Mitmenschen für faul, mürrisch und träge halten und sie Ihre Einstellung spüren lassen – was unweigerlich passiert, auch wenn Sie meinen, dass es nicht der Fall ist – werden sich Ihre Mitmenschen entsprechend Ihren Erwartungen verhalten. Denn sie spüren Ihr negatives Menschenbild. Begegnen Sie ihnen dagegen mit einer positiven, vertrauenden und wohlwollenden Einstellung, dann werden sie sich Ihnen gegenüber auch genauso verhalten und sich von ihrer besten Seite zeigen. Sicherlich kennen Sie die Volksweisheit: „Wie man in den Wald hineinruft, so schallt es heraus." Probieren Sie es aus – Sie werden viele angenehme Überraschungen erleben. Und gestehen Sie manchen Ihrer Mitmenschen etwas mehr Zeit zu, sich an Ihre positive Einstellung zu gewöhnen – vor allem, wenn

Ihr Vorgänger einen anderen Führungsstil praktiziert hat.

Sie werden sich jetzt sicherlich fragen, wie Sie zu einem Leader werden können – zumal mit dem Thema Leadership oft große Namen wie beispielsweise der französische Feldherr Napoleon, der amerikanische Präsident Dwight Eisenhower, der amerikanische Manager und ehemalige Vorstandschef von General Electric Jack Welch, der weltweit tätige Medienmogul Rupert Murdoch oder der ehemalige New Yorker Bürgermeister Rudolph Giuliani verbunden sind.

Transformationale Führung beziehungsweise das Thema Leadership hat wenig Mystisches an sich und beginnt bei Ihrem Verhalten im Führungsalltag.

Es verbindet die allgemeine kognitive Intelligenz mit emotionaler und geistiger Intelligenz (siehe Abbildung 4) – also Fühlen und Denken, authentischem Verhalten, der Verwirklichung von Wertvorstellungen, der Orientierung am Sinn, dem Entfesseln der eigenen Potenziale und einer ausgeglichenen Lebensbalance.

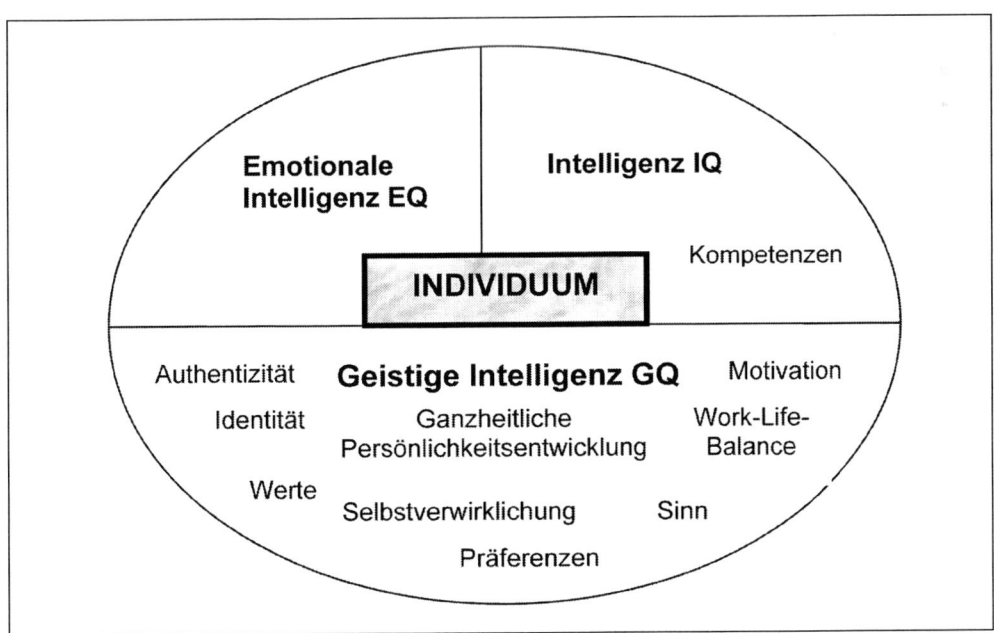

Abbildung 4: Allgemeine, emotionale und geistige Intelligenz

Die emotionale Intelligenz ist die Fähigkeit, unsere Emotionen zu erkennen, zu verstehen und zu kontrollieren sowie die Emotionen anderer Menschen zu erfassen. Emotionale Intelligenz bezeichnet also den intelligenten und konstruktiven Umgang mit unseren eigenen Emotionen und denen anderer. Um aber intelligent mit unseren Emotionen umgehen zu können, braucht es neben unserem Verstand und unserer Vernunft noch eine dritte Dimension, nämlich die geistige. Unsere Wertvorstellungen, unser Streben nach Sinn und die Fähigkeit zur Selbstdistanzierung, das heißt uns und unser Verhalten aus einer gewissen Entfernung zu betrachten, und unser Interesse an Menschen, Themen und Dingen, die außerhalb unserer eigenen Person liegen, stellen die Voraussetzung für geistig intelligentes Verhalten dar.

Wenn wir über eine hohe geistige Intelligenz verfügen, orientieren wir unser Handeln an Wertvorstellungen, Visionen und am Sinn. Wir übernehmen Verantwortung für Gegenwart und Zukunft, für unser eigenes Verhalten und unsere Entscheidungen, für eingegangene Verpflichtungen und die Menschen, die uns anvertraut sind, sowie für gemeinsame Ziele.

Aus dieser Aufzählung lässt sich bereits ableiten, wie wichtig die geistige Intelligenz in Unternehmen und für Führungskräfte ist: Vorgesetzte mit hoher geistiger Intelligenz können andere fördern, betreuen und coachen, sie bei ihrer Sinnfindung und dem Entfesseln ihrer Potenziale unterstützen.

Was bedeutet das konkret für Sie als Führungskraft? Worauf es ankommt, sind Ihre persönliche Ausstrahlung, Ihre Fähigkeit, Ihre Mitarbeiter zu inspirieren und geistig anzuregen und sie als Individuen zu behandeln.

Tipps zum Thema Leadership

Führen Sie integer, das heißt, verhalten Sie sich so, wie Sie es von anderen erwarten. Sorgen Sie dafür, dass Ihre Wertvorstellungen und Worte mit Ihren Taten übereinstimmen. Damit werden Ihr Verhalten und Ihre Entscheidungen berechenbar. Integrität ist die Voraussetzung für Vertrauen, Respekt und gegenseitige Wertschätzung. Begegnen Sie den Menschen in Ihrem Umfeld außerdem mit Taktgefühl und Geduld. Seien Sie sich Ihres Images bewusst: Verhalten Sie sich so, wie Sie gesehen werden möchten. Übernehmen Sie Verantwortung – für sich, Ihre Aufgaben und Ihre Mitarbeiter – und treffen Sie Entscheidungen. Dafür werden Sie schließlich bezahlt.

Behandeln Sie Ihre Mitarbeiter wie Individuen mit unterschiedlichen Bedürfnissen, Wünschen und Zielen. Beachten Sie die individuellen Anliegen Ihrer Mitarbeiter und fördern Sie sie entsprechend individuell. Dazu gehört auch, dass Sie

- für Ihre Mitarbeiter erreichbar sind (nicht immer, aber in genügendem Ausmaß),

- Ihre Mitarbeiter fair und gerecht behandeln,

- Ihre Mitarbeiter loben und Ihnen Ihre Anerkennung aussprechen,

- Ihnen Problemlösungen anbieten statt Schuldzuweisungen.

Fördern und fordern Sie Ihre Mitarbeiter intellektuell, in dem Sie etablierte Denkmuster aufbrechen und neue Einsichten vermitteln. Lassen Sie auch bei Ihren Mitarbeitern Querdenken, Diskutieren und Infragestellen bisheriger Vorgehensweisen zu. Sorgen Sie für eine fehlertolerante Atmosphäre: Wer handelt, macht Fehler. Gestehen Sie sich selbst und Ihren Mitarbeitern Fehler zu, denn Fehler werden gemacht, damit man daraus lernen kann.

Motivieren Sie Ihre Mitarbeiter über eine fesselnde und inspirierende Vision und Mission und regen Sie sie zu proaktivem Handeln an. Proaktives Handeln ist auf die Zukunft ausgerichtet und ermöglicht Ihren Mitarbeitern, Prozesse mitzugestalten und Verantwortung zu übernehmen. Eröffnen Sie Möglichkeiten. Und nehmen Sie Ihre Mitarbeiter in Schutz, wenn es Spannungen oder Konflikte gibt. Lassen Sie es nicht zu, dass unternehmensinterne Mikropolitik auf dem Rücken Ihrer Mitarbeiter ausgetragen wird.

Zum Thema Führung haben Sie jetzt einige Anregungen bekommen. Der Umgang mit Fehlern spielt dabei eine besondere Rolle. Dabei geht es nicht nur um die Fehler Ihrer Mitarbeiter, sondern auch um Ihre eigenen.

Ein Beispiel für einen vorbildlichen Umgang mit Fehlern möchte ich Ihnen anhand einer kleinen Anekdote, die über den großartigen amerikanischen Unternehmer Carnegie erzählt wird, aufzeigen:

Der Millionen-Dollar-Fehler (Carnegie, 2003)

Der legendäre amerikanische Unternehmer Andrew Carnegie hatte einen Manager neu eingestellt, der eine falsche Entscheidung traf, die zu einem Verlust von einer Million Dollar führte. Carnegie ließ den Manager zu sich kommen. Dieser nahm verlegen auf der vordersten Stuhlkante Platz und bemerkte kleinlaut: „Sie werden mich jetzt bestimmt feuern." Doch Andrew Carnegie erwiderte: „Wie kommen Sie denn darauf? Ich habe gerade eine Million Dollar in Ihre Ausbildung investiert! Warum sollte ich Sie gerade jetzt gehen lassen?"

Wie Sie Ihre Führungsaufgaben und Ihre inhaltliche Arbeit unter einen Hut bringen können und damit gleichzeitig Ihre Mitarbeiter fordern und fördern, erfahren Sie im nächsten Abschnitt.

Zeitmanagement und Delegation

Als Führungskraft sehen Sie sich mit einer ganz neuen Komplexität von Anforderungen, Aufgaben und Beziehungen in Ihrem Unternehmen konfrontiert. Sie werden sich sicherlich schon gefragt haben: „Wie soll ich das alles nur bewältigen?" Die Antwort darauf lautet: Mit einem effizienten und effektiven Selbst-Management, das heißt, sorgen Sie dafür, dass Sie die richtigen Dinge richtig tun. Natürlich werden Sie bei dem Versuch, Ihre Zeit effektiv und effizient zu organisieren, auch immer wieder Rückschläge erleben. Lassen Sie sich dadurch jedoch nicht entmutigen. Schließlich ist noch kein Meister vom Himmel gefallen.

Nehmen Sie sich Zeit für Ihre eigenen Führungsaufgaben, also für eine effektive Planung, Organisation, Delegation und Kontrolle. Dabei gilt der Grundsatz: so wenig Fremdkontrolle wie nötig, so viel Selbstkontrolle wie möglich.

Zeit ist ein sehr wertvolles Gut, das nicht verwahrt oder vermehrt werden kann. Zeit vergeht schlichtweg. Sorgen Sie dafür, dass Sie Ihre Zeit möglichst effektiv nutzen – mit dem Bewältigen Ihrer Aufgaben, Freiräumen für Kreativität und Zeiten für Regeneration. Ergreifen Sie die Initiative und agieren Sie, anstatt nur zu reagieren.

1. Informieren Sie sich als Erstes …
am besten im Vorfeld – über Ihre zukünftigen Aufgaben. Verschaffen Sie sich Einblick in Ihre Arbeitsplatzbeschreibung. Sprechen

Sie mit Ihrem Vorgesetzten über seine Erwartungen. Informieren Sie sich über wichtige Prozesse. Nehmen Sie sich Zeit für Gespräche mit Ihren neuen Kollegen und vor allem Ihren Mitarbeitern. Finden Sie heraus, wann was mit wem läuft.

2. Der zweite Schritt heißt:
Prioritäten setzen

Das heißt, Sie entscheiden, welche Aufgaben an erster, zweiter, dritter … Stelle zu erledigen sind. Aufgaben mit höherer Priorität müssen dann als Erstes erledigt werden.

Checkliste zum Selbst-Coaching: Thema Prioritäten setzen

Bevor Sie mit einer Aufgabe anfangen, sollten Sie sich 3 Fragen stellen:

Ist diese Tätigkeit wirklich nötig?

Müssen Sie sie selbst tun?

Müssen Sie sie sofort erledigen?

Auch bei Prozessen ist es sinnvoll, diese zu hinterfragen. Nutzen Sie die Gunst der Anfangsstunde, in der Sie noch nicht von einer gewissen Betriebsblindheit eingeholt werden:

Ist dieser Vorgang wirklich nötig und in seiner Ausführung sinnvoll?

Oder wird er nur deshalb und in einer bestimmten Art ausgeführt, weil man es immer schon so gemacht hat?

Was ist bei kritischer Betrachtung eher hinderlich und nutzlos? Was kann wie verändert werden?

Was möchten Sie gern verändern? Was können Sie verändern? Wobei brauchen Sie von wem in welcher Art Unterstützung?

Es gibt zwei Strategien, wie Sie am besten Prioritäten setzen können: Sie gehen nach der Methode vor, die auch General Eisenhower bereits befolgte und die deshalb seinen Namen trägt: das **Eisenhower-Prinzip** (siehe Abbildung 5). Dafür bewerten Sie alle anstehenden Aufgaben nach den beiden Kriterien Wichtigkeit und Dringlichkeit.

Aufgaben mit hoher Wichtigkeit und Dringlichkeit erledigen Sie selbst und sofort, Aufgaben mit geringer Wichtigkeit und Dringlichkeit gehören in den Papierkorb (siehe Abbildung 5).

Wichtige, aber nicht dringende Aufgaben können Sie für einen späteren Zeitpunkt einplanen oder gegebenenfalls delegieren. Dringende, aber unwichtige Aufgaben sollten Sie rechtzeitig delegieren, da Sie Ihnen nur Zeit für bedeutsamere Angelegenheiten rauben, wenn Sie sie selbst erledigen müssen.

Mit dem zweiten Vorgehen teilen Sie Ihre Tätigkeiten in **A-, B- und C-Aufgaben** ein.

A-Aufgaben sind Ihre ureigenen Führungsaufgaben. Sie sind deshalb auch nicht delegierbar.

B-Aufgaben sind durchschnittlich wichtig und delegierbar. Sie können auch wichtig, aber nicht dringend sein (siehe Eisenhower-Prinzip).

C-Aufgaben sind die wahren Zeitfresser. Sie beanspruchen den größten Teil Ihrer Zeit, leisten aber den geringsten Beitrag zur Erfüllung Ihrer Funktion. Zu ihnen gehören Routinearbeiten, Telefonieren, Verwaltungsaufgaben etc. Überlegen Sie sich, was Sie hiervon delegieren können, um mehr Zeit für das Wesentliche zu haben.

3. Prioritäten setzen
Nachdem Sie Ihre Prioritäten gesetzt haben, ist es wichtig, dass Sie als nächstes Ihre Zeit planen. Bestimmt kennen Sie das **Pareto-Prinzip (80 : 20-Regel)**, wonach Sie mit 20 % strategisch richtig geplanter und eingesetzter Zeit 80 % der Ergebnisse erzielen.

Abbildung 5: Das Eisenhower-Prinzip

Eine gute Planung spart insgesamt Zeit ein, da Sie mit der Ihnen zur Verfügung stehenden Zeit besser zurecht- kommen, mehr Überblick über Ihre Aufgaben und deren Erledigung haben, Ihre Ziele schneller erreichen und so zusätzlich Zeit für wesentliche Aufgaben gewinnen.

Dabei hat es sich bewährt, bestimmte Regeln zu berücksichtigen:

Tipps zum Thema Zeitplanung

- Planen Sie immer schriftlich. Dieser Tipp ist unabhängig von dem Planungssystem, das Sie verwenden. Es hilft Ihnen, auch nach Unterbrechungen wieder den roten Faden aufzunehmen.
- Verplanen Sie höchstens 60 bis 70 % Ihrer Arbeitszeit. Die verbleibenden 30 bis 40 % werden Sie als Pufferzeit für Unvorhergesehenes, Störungen und „Zeitdiebe" benötigen.
- Bedenken Sie: Sie haben in der Regel nur einen Vorgesetzten, aber mehrere Mitarbeiter. Berücksichtigen Sie dieses Verhältnis auch bei Ihrer Zeitplanung. Ihre Mitarbeiter brauchen mehr Zeit als Ihr Chef.
- Planen Sie Pausenzeiten ein.
- Planen Sie in den unterschiedlichen Zeithorizonten – Tages- Wochen- und Jahresplanung, auch wenn das zunächst eine gewisse Selbstdisziplin und Durchhaltevermögen von Ihnen erfordert. Vielleicht entspricht es gar nicht Ihrem Naturell, strukturiert und systematisch vorzugehen. Es wird jedoch auch für Sie eine angemessene Methode geben, wie Sie in einem gewissen Rahmen Ihren Aufgabenberg ordnen und die Sie umgebende Komplexität bewältigen können. Begeben Sie sich zum Wohle Ihrer Work-Life-Balance auf die Suche danach und probieren Sie verschiedene Vorgehensweisen aus. Sie werden den Nutzen bald merken.

4. Der vierte Schritt heißt: Delegieren

Wie bereits gesagt: Sie werden nicht mehr dafür bezahlt, Aufgaben selbst zu erledigen, sondern dafür, dass die Aufgaben erledigt werden. Am besten, Sie verabschieden sich von solchen Überzeugungen wie der, dass Sie in der Zeit, in der Sie etwas erklären, die Aufgabe bereits selbst lösen könnten oder dass niemand eine Aufgabe so gut löst, wie Sie es selbst tun.

Natürlich könnten Sie die Folien für die übermorgen anstehende Präsentation auch selbst „pinseln", aber warum überlassen Sie diese Aufgabe nicht Ihrer Mitarbeiterin? Sie kennt sich inhaltlich mit dem Thema mindestens genauso gut aus wie Sie, schließlich hat sie ja lange genug daran gearbeitet, und die Folien, die sie bisher erstellt hat, ließen nichts zu wünschen übrig. Geben Sie Ihren Mitarbeitern das Gefühl, wichtig zu sein und mit ihrer Arbeit einen wertvollen Beitrag zu leisten. Wenn Sie alle Aufgaben an sich reißen und selbst erledigen, kommen sich Ihre Mitarbeiter allein gelassen und überflüssig vor. Das ist genau das Gegenteil von Führung.

Sie sind jetzt nicht mehr das ausführende Organ, sondern der Koordinator von Tätigkeiten. Jetzt werden Sie vielleicht fragen: „Was soll ich denn delegieren?" Alles, was auch andere erledigen können. Sie sind jetzt für die Entwicklung Ihrer Mitarbeiter verantwortlich, also nutzen Sie auch deren Potenzial. Wenn Sie Aufgaben delegieren, haben Sie mehr Einfluss und vor allem mehr Zeit für wichtige Management- und Führungsaufgaben. Allerdings: Sie tragen die

Tipps zum Thema Delegation

Was Sie auf keinen Fall delegieren dürfen: Ihre ureigenen Führungsaufgaben:
- Verantwortung
- Vertrauliche Aufgaben
- Lob und Tadel
- Die Lösung von Konflikten
- Aufgaben, bei denen Sie selbst keine Klarheit und keinen Überblick haben

Was Sie beim Delegieren beachten müssen:
- Führen Sie eine Delegationscheckliste: Überprüfen Sie, ob Ihre Mitarbeiter die delegierten Tätigkeiten auch tatsächlich durchführen.
- Geben Sie Ihren Mitarbeitern alle relevanten Informationen und Ressourcen, die sie zu einer erfolgreichen Problemlösung benötigen.
- Legen Sie die erforderlichen Zuständigkeiten am Anfang fest und lassen Sie Ihre Mitarbeiter anschließend ohne Ihre Einmischung wirken.
- Beschreiben Sie das angestrebte Ziel (ohne es von vornherein festzulegen), aber nicht den Weg. Vertrauen Sie Ihren Mitarbeitern
- Legen Sie Etappenziele als Kontrollstellen fest.
- Delegation ist eine Personalentwicklungsmaßnahme, um Ihre Mitarbeiter zu fördern, zu motivieren und ihre Potenziale zu entfesseln. Sie ist also für beide Seiten förderlich: für Sie und Ihre Mitarbeiter.
- Lassen Sie schließlich los! Dann haben Sie die Hände frei für neue Aufgaben und Themen.

Verantwortung für das, was Ihre Mitarbeiter tun. Dafür sind Sie ihr Vorgesetzter.

Nicht nur für Sie ändert sich durch Ihre neue Aufgabe einiges. Auch Ihre Mitarbeiter müssen sich mit Veränderungen arrangieren. Zum Beispiel mit Ihnen als neuem Vorgesetzten, mit Ihrem neuen Führungsstil, mit Ihrer Art, Aufgaben zu delegieren. Möglicherweise sind mit Ihrer neuen Aufgabe auch inhaltliche Veränderungen im Sinne von Neuausrichtungen oder Umstrukturierungen in Ihrer Abteilung verbunden. Deshalb ist es wichtig, dass Sie nicht nur sich selbst, sondern auch den Wandel managen. Auch wenn Änderungen zum Alltag gehören, sollten Sie sich immer wieder in die Lage Ihrer Mitarbeiter versetzen.

Als Führungskraft können Sie sicherlich nicht verhindern, dass einige Ihrer Mitarbeiter zunächst mit Ablehnung und Widerstand auf Veränderungen reagieren. Solche Reaktionen sind menschlich und rühren daher, dass wir nur zu gern Gewohntes beibehalten und uns Ungewisses zunächst Unbehagen verursacht. Durch Ihr behutsames Vorgehen können Sie allerdings erreichen, dass Ihre Mitarbeiter die Neuerungen schneller akzeptieren und unterstützen.

Tipps zum Thema Change-Management

- Gehen Sie die Fragen, Sorgen und Bedenken Ihrer Mitarbeiter offensiv an. Nehmen Sie ihre Widerstände, Ängste vor Verlust ihrer Position, ihres Status, ihres Prestiges, vor einem Versagen bei neuen Anforderungen oder dem Ungewissen ernst.

- Gestehen Sie sich und Ihren Mitarbeitern Ihre eigenen Gefühle beim Managen des Wandels ein. Leadership bedeutet die Verbindung von Herz und Verstand, also auch Gefühle zu zeigen.

- Nehmen Sie sich Zeit und erklären Sie Ihren Mitarbeitern die Notwendigkeit von Veränderungen und das Ziel, das Sie gemeinsam erreichen wollen.

- Machen Sie Betroffene zu Beteiligten: Beziehen Sie Ihre Mitarbeiter in den Veränderungsprozess ein und bitten Sie sie um eine konstruktive Mitarbeit und Lösungsvorschläge.

- Informieren Sie Ihre Mitarbeiter regelmäßig über den aktuellen Stand der Veränderungen. Die größten Widerstände bei Veränderungsprozessen resultieren aus zu wenigen Informationen an die Beteiligten.

- Geben Sie Ihren Mitarbeitern am Ende des Veränderungsprozesses Feedback: Was ist während des Prozesses geschehen? Was lief gut? Was weniger gut? Was wurde daraus gelernt? Was bleibt noch zu klären?

Die Sandwichposition

In Ihrer neuen Rolle als Führungskraft sind Sie dem Druck von zwei Seiten ausgesetzt: von oben durch Ihren Vorgesetzten und von unten durch Ihre Mitarbeiter – ähnlich wie die Füllung eines Sandwichs von beiden Seiten durch Toastscheiben bedrängt wird. Auf den ersten Blick hat dieses Bild einen eher unangenehmen Beigeschmack: Es besteht die Gefahr, dass Sie erdrückt werden.

Haben Sie das Bild der Sandwichposition schon mal von einem anderen Blickwinkel betrachtet? Die Füllung des Sandwichs gibt ihm den Geschmack, sie ist der beste Teil des Ganzen. Die beiden Scheiben Toastbrot kann man zwar auch für sich allein genommen essen, sie schmecken jedoch dann eher fade. Und wenn man das Toastbrot zu fest zusammendrückt, flutscht die Füllung heraus und landet auf dem Boden. Ein gutes Sandwich entsteht nur aus dem Zusammenspiel aller Teile: saftiges Toastbrot und schmackhafte Füllung.

Was heißt das für Ihre Aufgabe als Führungskraft? Für eine gute Arbeit braucht es das Zusammenspiel aller drei Ebenen: Ihres Vorgesetzten, Ihrer Mitarbeiter und von Ihnen in der Mitte. Zu viel Druck nützt niemandem. Für Ihre Karriere brauchen Sie ebenfalls beide Seiten: Ihre Mitarbeiter, die Ihnen helfen Ihre Ziele zu erreichen, und Ihren Vorgesetzten, der Sie fordert und fördert. Es ist von daher wichtig, dass Sie Ihren Teil zu einer konstruktiven Zusammenarbeit beitragen. Das heißt, dass Sie alle wichtigen Informationen in beide Richtungen vermitteln, mit diplomatischem Geschick vorgehen, sich authentisch verhalten, Ihre Pläne transparent machen und glaubwürdig sind.

Weitere Anregungen, wie Sie die Position der Füllung des Sandwichs für alle Seiten „schmackhaft würzen" und gestalten können, finden Sie in Bezug auf Ihre Mitarbeiter in den Kapiteln 3 und 4 sowie in Bezug auf Ihren Vorgesetzten in Kapitel 5.

Abbildung 6: Als Führungskraft ist es Ihre Aufgabe, manchmal auch unangenehme Entscheidungen zu treffen

2. Leitbild, Vision, Mission, Value Proposition – was haben Sie damit zu tun?

Die drei Maurer

Ein Bauherr will einen Maurer beschäftigen. Er geht auf eine riesige Baustelle und schaut den Maurern bei ihrer Arbeit zu. Er entdeckt drei, die sehr fleißig Stein auf Stein schichten. Äußerlich kann er keinen Unterschied zwischen ihnen entdecken. Wer ist der Beste von ihnen? Der Bauherr geht zum ersten Maurer und fragt: „Was tun Sie da?" Der Maurer schaut ihn verwundert an und sagt: „Das sehen Sie doch. Ich verdiene hier meinen Lebensunterhalt." Der Bauherr geht zum zweiten Maurer und stellt ihm dieselbe Frage. Der richtet sich auf und verkündet stolz: „Ich mache meine Arbeit. Und zwar perfekt. Ich bin der beste Maurer im Land." Dann geht der Bauherr zum dritten. Dieselbe Frage. Der Maurer denkt kurz nach und sagt: „Ich helfe mit, eine Kathedrale zu bauen."

Möglicherweise kennen Sie diese Geschichte auch in einer anderen Variation. Die Botschaft, auf die es ankommt, bleibt jedoch die gleiche: Der dritte Maurer ist natürlich derjenige, den der Bauherr gesucht hat und beschäftigen wird.

Was unterscheidet ihn von den beiden anderen? Der dritte Maurer hat ein übergeordnetes Ziel, einen Traum, eine Vision vor Augen, nämlich den Bau einer großartigen Kathedrale. Er versteht seine Arbeit als einen wichtigen Beitrag zum Gesamtwerk. Für diesen Teil übernimmt er Verantwortung. Die beiden ersten Maurer verfolgen nur ihre eigenen Interessen – Sicherung des Lebensunterhaltes beziehungsweise Selbstdarstel-

lung – die Fertigstellung des großen Ganzen ist für sie unwichtig. Bei schlechtem Wetter werden sie vermutlich nicht oder nur wenig motiviert zur Arbeit erscheinen. Und sobald sie ein besseres Angebot mit mehr Lohn oder günstigeren Arbeitsbedingungen erhalten, werden sie schnell verschwunden sein. Den dritten Maurer motiviert seine Verantwortung am Ganzen, er wird stolz darauf sein, bis zur Fertigstellung der Kathedrale daran mitgewirkt zu haben.

Anhand dieser Geschichte lässt sich leicht nachvollziehen, welche Bedeutung Leitbilder, Visionen und Ziele für ein Unternehmen haben: Sie zeigen den Mitarbeitern den großen Zusammenhang und die Richtung auf, in die es gehen soll. Sie bieten den Menschen im Unternehmen die Möglichkeit, sich mit ihnen zu identifizieren und sich für das große Ganze emotional zu engagieren. Damit spielen sie eine Schlüsselrolle in Bezug auf die Motivation der Mitarbeiter.

Eine Kathedrale ist von sich aus ein großartiges, strahlendes und beeindruckendes Bauwerk, Unternehmen müssen dagegen einiges dafür tun, damit sie in den Augen ihrer Mitarbeiter eine auf die heutige Zeit übertragen vergleichbare Rolle spielen.

Wie Unternehmen zu „Kathedralen" werden, an denen die Mitarbeiter gern mitbauen möchten, und welchen Beitrag Sie als Führungskraft dazu leisten können, lesen Sie auf den folgenden Seiten.

Neben rein quantitativen Unternehmenszielen spielen heute auch qualitative Aspekte wie Leitbild, Werte und Visionen eine wichtige Rolle im Unternehmensalltag. Im Rahmen dieser Entwicklung werden ganz neue Anforderungen an das Management gestellt: Als Führungskraft werden Sie zum Coach, dessen Aufgabe es ist, dafür zu sorgen, dass Ihre Mitarbeiter den Auftrag, die Vision und die Mission des Unternehmens verstehen, sich damit identifizieren und darauf verpflichten (Commitment). Voraussetzung dafür ist jedoch, dass Sie als Vorgesetzte oder Vorgesetzter die Unternehmensphilosophie und das Unternehmensleitbild kennen und sich selbst dafür einsetzen. Ziel des vorliegenden Kapitels ist es, Ihnen die Zusammenhänge zwischen Unternehmensleitbild, Vision und Mitarbeiterzielen aufzuzeigen und Sie durch Fragen zum Selbst-Coaching zur Analyse Ihres Unternehmens und zu Ihrer persönlichen Standortbestimmung anzuregen.

Vom Unternehmensleitbild zu Mitarbeiterzielen

Das Unternehmensleitbild ist der ideelle und normative Überbau des Unternehmens. Es beschreibt die Unternehmensphilosophie: wie sich die Organisation nach außen hin sichtbar mit ihrem Aufbau, ihrer Struktur, ihren Gebäuden, ihrem Corporate Design darstellen möchte; welche Art von Mitarbeitern sie sucht und haben möchte, das heißt welche Qualifikationen im Vordergrund ste-

hen und welche Rolle beispielsweise Veränderungsbereitschaft und Flexibilität spielen; in welcher Art die Organisation die Umwelt mitgestalten möchte, also wie sie gegenüber Kunden, Lieferanten, Bürgern, der Umwelt oder öffentlichen Einrichtungen auftritt; und welche Haltung ihre Führungskräfte innerhalb und außerhalb der Organisation (re-)präsentieren, also welcher Führungsstil bevorzugt wird und wie Zusammenarbeit und die Übernahme beziehungsweise Teilung von Verantwortung gestaltet werden.

Leitbild und Unternehmensphilosophie beinhalten den Zweck und Auftrag der Organisation, deren Werte und Vision (siehe Abbildung 7). Sie geben die grobe Richtung an, in die das Unternehmen steuert, und sind eine Art Wegweiser.

Unternehmensphilosophie und Leitbild

Mission: Wer sind wir?
Vision: Was wollen wir?
Value Proposition: Was ist uns wichtig?

Normatives Management

Unternehmenspolitik und -kultur: Wie gehen wir mit uns und anderen um?
Unternehmensstrategie: Was können wir?
Unternehmensziele: Wohin geht die Reise?

Aufgabe der Führungskraft:
- Mitarbeiter inspirieren
- Leitidee im Bewusstsein der Mitarbeiter halten
- Gestaltungsspielräume im Rahmen der Visionaufzeigen
- Positives Vorbild sein

Strategisches Management

Langfristige Unternehmensplanung
Strategische Ziele der einzelnen Geschäftsbereiche
Führungskonzepte
Personalplanung und -auswahl

Aufgabe der Führungskraft:
- Mitarbeiter motivieren
- Mitarbeiter von Unternehmenszielen überzeugen
- Talente und Präferenzen der Mitarbeiter fordern und fördern
- Glaubwürdigkeit der Organisation gewährleisten: Sind die normativen Vorgaben Lippenbekenntnisse oder umgesetzte und gelebte Werte?

Operatives Management

Kurz- bis mittelfristige Planung
Herunterbrechen der strategischen Ziele auf Tagesgeschäft und Projektarbeit
Operative Ziele
Management by Objectives: Jahresziele der Mitarbeiter

Aufgabe der Führungskraft:
- Coach: Mitarbeiter mobilisieren, einarbeiten, qualifizieren
- Unternehmerisches Handeln und Problemlösefähigkeit fördern
- Regelmäßige Mitarbeitergespräche, Feedback

Abbildung 7: Vom Unternehmensleitbild zu Mitarbeiterzielen

Das Leitbild bezieht Stellung zu folgenden Fragen:
- Mission: Wer sind wir?
- Vision: Was wollen wir?
- Value Proposition oder Werte: Was ist uns wichtig?
- Strategie: Was können wir?
- Unternehmensziele: Wohin geht die Reise?

Alle diese Punkte prägen die Einstellungen der Mitarbeiter eines Unternehmens und deren alltägliches Verhalten. Sie spielen auch eine bedeutende Rolle in Bezug auf die Mitarbeitergespräche (Kapitel 4).

Wie Unternehmen sich darstellen, welches Leitbild und welche Unternehmensphilosophie sie vertreten, können Sie leicht im Internet recherchieren. Besuchen Sie hierzu die Auftritte verschiedener Unternehmen – auch Ihres eigenen – und lassen Sie sich überraschen, wie die Unternehmen sich selbst sehen und gesehen werden möchten.

Anhand von zwei Praxisbeispielen möchte ich Ihnen an dieser Stelle kurz aufzeigen, wie sich die Unternehmensphilosophie auf den Arbeitsalltag der Mitarbeiter auswirkt und welche einmaligen Gestaltungsmöglichkeiten die Corporate Identity, also die „Unternehmenspersönlichkeit" gibt.

Das erste Beispiel für eine ganzheitliche und erfolgreiche Strategie und deren Umsetzung ist die Firma AVINCI (www.avinci.biz). Hierbei handelt es sich um eine Beratungsfirma aus der IT-Branche, die sich für ihre Unternehmensphilosophie an Visionen und Gedanken des weltberühmten italienischen Künstlers und Wissenschaftlers Leonardo da Vinci erinnerte. Der Geist von da Vinci, die Einheit von Vision und Wissen sowie sein Mut, die Menschlichkeit und der Optimismus seiner Werke finden sich in Unternehmensvision, -grundsätzen und -leitlinien, der strategischen Ausrichtung des Unternehmens und deren Umsetzung in operative Maßnahmen wieder. Wenn Sie sich intensiver mit dem Thema Corporate Identity und der Firma AVINCI auseinander setzen möchten, empfehle ich Ihnen das Buch „Corporate Identity ganzheitlich gestalten" von Volker Spielvogel (ebenfalls bei BusinessVillage erschienen).

Das zweite Beispiel für die erfolgreiche Gestaltung und Umsetzung einer ganzheitlichen Unternehmenspersönlichkeit ist die Firma Gore (www.gore.com). Informationen zur Philosophie und Corporate Identity können Sie dem Internetauftritt des Unternehmens entnehmen.

An diesen beiden Beispielen – bestimmt fallen Ihnen auch noch etliche andere vorbildliche Unternehmen ein – können Sie erkennen, dass es sich bei dem Thema Corporate Identity nicht um eine bloße Marketing-Modeerscheinung handelt, sondern dass sich enorme Gestaltungsmöglichkeiten im Hinblick auf die Unternehmenskultur, die Motivation von Mitarbeitern und den Umgang mit Kunden dahinter verbergen.

Apropos Kunden beziehungsweise Kundenorientierung: Inzwischen schreibt sich natürlich jedes Unternehmen eine besondere Kundenorientierung auf die Fahne – und in Leitbild und Unternehmensphilosophie. Wie sieht es damit jedoch im Alltag aus? Wird die Kundenorientierung auch an die Mitarbeiter weitergegeben? Wissen sie um die besondere Bedeutung der Kundenorientierung? Werden auch sie wie Kunden behandelt? Wird die Kundenorientierung vorgelebt? Oder handeln selbst die Vorgesetzten eher nach dem Motto „Achtung, Kunde droht mit Auftrag" und Kunden werden als lästige Störfälle behandelt? Wie würden Sie sich als Kunde Ihres eigenen Unternehmens fühlen? Welche Erfahrungen haben Sie als Kunde verschiedener anderer Unternehmen bisher gemacht?

Doch zurück zu dem Zusammenhang zwischen Leitbild, Unternehmensphilosophie und Mitarbeiterzielen: Ohne den Strukturrahmen dieses normativen Überbaus ist es nicht möglich, strategische Ziele der einzelnen Geschäfts- und Funktionsbereiche abzuleiten, also Richtungs- und Schlüsselziele zu entwickeln, die den Korridor beschreiben, in dem die Ziele der Mitarbeiter und Teams, ihre alltäglichen Aufgaben und Aktivitäten angesiedelt sind.

Checkliste zum Selbst-Coaching: Thema Unternehmensleitbild

Welche Mission hat Ihr Unternehmen? Wer ist Ihr Unternehmen?

Welche Visionen hat das Unternehmen, in dem Sie arbeiten? Was will es?

Welche Wertvorstellungen hat Ihr Unternehmen? Was ist dem Management wichtig?

Welche Strategien verfolgt das Unternehmen, in dem Sie Führungskraft sind? Wo liegen seine Kernkompetenzen?

Das strategische Management spürt Trends auf, beugt Engpässen vor, teilt Ressourcen zu und macht wegweisende Vorgaben für den Ziel- und Aufgabenkorridor. Aus dem Leitbild und den daraus abgeleiteten strategischen Zielen entwickelt sich der Prozess der Zielvereinbarung: Die operativen Jahresziele beschreiben, was das Unternehmen für seine Mitarbeiter, Anteilseigner, Kunden etc. erreichen will. Daraus leiten sich die Pläne für das Alltagsgeschäft, das, was wir als Unternehmen also tun, und die Ziele der Mitarbeiter ab.

Das Leitbild wird zu einem Kompass für die Jahresziele der Mitarbeiter, der auch in stürmischen Zeiten den richtigen Weg zeigt und verhindert, dass sie die Orientierung verlieren und abdriften.

Es bricht die Grundregeln des Unternehmens auf die Ebene des Einzelnen herunter. Das Leitbild basiert auf den Werten, Normen und Zielvorstellungen der Unternehmenskultur und richtet alle Kräfte auf die Zufriedenstellung der Partner des Unternehmens – der Stakeholder – aus. Das Jahresleitbild dient der Orientierung, der Legitimation und der Motivation: der Orientierung, weil es klare Informationen über die gemeinsame Zielrichtung für alle Mitarbeiter gibt. Der Legitimation, weil es das Ziel verfolgt, alle relevanten Stakeholder – Partner, Mitarbeiter, Lieferanten, Kunden, Anteilseigner, Führungskräfte, die Gesellschaft – zufrieden zu stellen und außerdem den Unternehmenswert zu steigern. Und schließlich der Motivation, weil es alle

Mitarbeiter zu pro-aktivem Denken und Handeln für den Erfolg des Unternehmens anspornen will. Damit die Mitarbeiter auf der untersten Unternehmensebene die konkretisierten Ziele und Aufgaben im Sinne des Unternehmenszwecks umsetzen und realisieren können, ist es jedoch erforderlich, dass die Organisation ihnen genügend Spielraum zugesteht, um vor Ort unternehmerisch flexibel handeln zu können.

Eine Möglichkeit, für eine effektive Erfüllung des Auftrags des Unternehmens zu sorgen, ist das Führen durch Ziele (Management by Objectives). Voraussetzung dafür ist jedoch, dass alle Mitarbeiter die Unternehmensziele kennen, anerkennen und am selben Strang in die gleiche (!) Richtung ziehen.

Die Aufgabe des Managements liegt auf normativer Ebene darin, die Mitarbeiter zu inspirieren, das heißt die Leitidee des Unternehmens immer wieder ins Bewusstsein zu rufen, die Möglichkeiten der Zukunftsgestaltung im Rahmen der Vision mit Leben zu füllen und ein positives Vorbild abzugeben (siehe Abbildung 7).

Auf strategischer Ebene gilt es die Mitarbeiter zu motivieren, indem die Führungskräfte die Ressourcen und Prioritäten entsprechend der Geschäftslage und Marktsituation ausrichten, Überzeugungsarbeit für die Unternehmenspolitik leisten, die Talente und Präferenzen ihrer Mitarbeiter im Blick haben und fördern. Eine Herausforderung in Bezug auf die Motivation stellt dabei nicht der träge

Mitarbeiter dar, sondern der enttäuschte. Das heißt, hier geht es vor allem um die Glaubwürdigkeit der Organisation: Sind Leitbild, Vision und Werte nur Lippenbekenntnisse oder werden sie auch tatsächlich in Maßnahmen umgesetzt und gelebt?

Auf der operativen Ebene werden Sie als Führungskraft immer mehr zum Coach, wenn es darum geht, Ihre Mitarbeiter zu mobilisieren. Sie müssen eingearbeitet und qualifiziert, in Bezug auf ihre eigenen Ziele und Bedürfnisse, ihr unternehmerisches Handeln sowie ihre Problemlösefähigkeit gefördert und gestärkt werden. Außerdem gilt es Entwicklungen anzustoßen und zu verfolgen, Konflikte konstruktiv zu lenken und vieles mehr.

Was es mit der Unternehmenskultur auf sich hat

Die Unternehmenskultur ergibt sich aus allen ungeschriebenen Normen, Regeln und Werten eines Unternehmens und den Spielregeln, wie man miteinander auskommt und Aufgaben erledigt. Es geht also um die Frage: Wie gehen wir im Unternehmen mit uns und anderen um? Dazu gehören die Organisation des Unternehmens in Bezug auf den Aufbau, also die Hierarchien, und den Ablauf von Prozessen, die Firmenpolitik, der praktizierte Führungsstil, das Betriebsklima, das tatsächliche Verhalten der Organisationsmitglieder, Handlungsstrukturen wie Traditionen, Rituale, „Spiele", das verbale Verhalten (Tabus, Witze, Anekdoten, Sprachregelungen) und das äußere Erscheinungsbild (Corporate Design). Welche Wortspiele werden beispielsweise mit den Buchstaben Ihres Firmennamens verbunden?

Das Führen mit Werten sowie Anerkennung und Wertschätzung sollten in der Unternehmenskultur eine besonders wichtige Rolle spielen.

Ein Beispiel aus der Praxis: Die Unternehmenskultur der bereits an früherer Stelle erwähnten Firma Gore (www.gore.com) basiert auf einer flachen Organisationsstruktur ohne so genannte Mitarbeiter und Vorgesetzte. Früher warb Gore in Stellenausschreibungen auch mit der Aussage „no ranks, no titles". Die meisten Mitarbeiter fühlen sich als Miteigentümer und sind davon überzeugt, einen wertvollen Beitrag zum Unternehmen zu leisten. Da verwundert es auch nicht, dass Gore beispielsweise in Großbritannien zum besten Arbeitgeber gewählt wurde. Direkte Kommunikation und die Zusammenarbeit in multidisziplinären Teams spielen eine zentrale Rolle im Unternehmen. Folgende Prinzipien des Firmengründers Bill Gore sind handlungsleitend: Fairness gegenüber allen anderen Personen, die Förderung und Freiheit, sich Wissen, Fähigkeiten und Verantwortung anzueignen, die Fähigkeit zur Übernahme von Verpflichtungen und deren Einhaltung sowie der Schutz des Rufs des Unternehmens.

Ziel der Unternehmenskultur ist es zum einen, ein bestimmtes gewünschtes Erscheinungsbild des Unternehmens – das Corporate Image – an die Außenwelt zu adressieren. Zum anderen soll die Unternehmenskultur die Mitarbeiter zu mehr Engagement motivieren. Ein größeres Mitarbeiterengagement schafft zufriedenere, treue und aktive Kunden und wird so zu einem entscheidenden Wettbewerbsfaktor.

Checkliste zum Selbst-Coaching: Thema Unternehmenskultur

Unternehmensorganisation:

Wie sieht es in Ihrem Unternehmen mit den hierarchischen Strukturen aus? Mit klaren Abteilungs-Revierabgrenzungen? Mit Status- und Machtsymbolen? Mit geschlossenen Türen von Vorgesetzten?

Wie werden Informationen übermittelt? Die Anwesenheit der Mitarbeiter und deren Leistungen kontrolliert? Aus- und Weiterbildungen organisiert? Wie geht man mit den Themen Bezahlung und Beförderungen um?

Unternehmenspolitik:

Welche Grundsätze und Strategien verfolgen die Bereiche Marketing, Finanzierung, Produktion, Beschaffung, Personalwesen ...?

Wie verhalten Sie sich tatsächlich gegenüber Kunden, Lieferanten, Kapitalgebern, der Umwelt, der Gesellschaft ...? Wie verlaufen Kündigungen, Pensionierungen, Einstellungen, Schulungen ...? Was wird belohnt? Wie wird Anerkennung gezeigt? Wie getadelt?

Führungsstil und Betriebsklima:

Inwieweit werden Mitarbeiter an Entscheidungs- oder Veränderungsprozessen beteiligt? Wie sieht es mit der Offenheit und Transparenz von Prozessen aus? Welche Rolle spielen Fairness und Toleranz in Ihrem Unternehmen? Wie werden Mitarbeiter motiviert? Wie wird Feedback gegeben? Wie sieht der Umgang mit Krisen aus?

Was für eine Atmosphäre herrscht in Ihrem Unternehmen? Wie engagiert sind die Menschen? Wie sieht es mit der Zufriedenheit aus? Wie hoch sind Krankenstand und Fluktuation?

Handlungsstrukturen:

Was für Traditionen, Sitten und Rituale gibt es in Ihrem Unternehmen? Was für „Spiele" werden auf mikropolitischer Ebene gespielt?

Verbales Verhalten:

Was für Geschichten, Anekdoten und Witze werden erzählt?

Was für Sprachregelungen gibt es innerhalb Ihrer Firma?

Was sind Tabuthemen?

Corporate Design:

Wie sehen die Gebäude Ihres Unternehmens aus? Wie die Büros, die Kantine? Das Produktdesign?

Wie ist die Gestaltung und Abstimmung von Logo, Briefköpfen, Visitenkarten?

Welche Statussymbole und materiellen Auszeichnungen gibt es in Ihrem Unternehmen?

3. Ihr Mitarbeiter – das unbekannte Wesen?

Dieses und das folgende Kapitel widmen sich der Frage, wie Sie Ihre Mitarbeiter am besten, das heißt im Sinne einer effektiven und effizienten Zusammenarbeit, führen. Aus zwei Gründen ist es wichtig, dieses Thema besonders ausführlich zu behandeln:

▓ Sie haben – wie ich bereits in Kapitel 1 geschrieben habe – mehrere Mitarbeiter, aber nur einen Vorgesetzten. Ihre Mitarbeiter benötigen von daher einen größeren Teil Ihrer Aufmerksamkeit und Ihrer Zeit als Ihr Chef.

▓ Sie brauchen Ihre Mitarbeiter um Ihre Ziele zu erreichen. Ihre Mitarbeiter sind Ihre unmittelbarsten Kunden. Sie sind damit Dienstleister Ihrer Mitarbeiter. Natürlich wissen Sie, dass man Kundenbeziehungen pflegen muss, damit die Kunden zufrieden und loyal sind und die Dienstleistungen weiterhin in Anspruch nehmen. Das Gleiche gilt im übertragenen Sinn auch für den Umgang mit Ihren Mitarbeitern: Sie möchten, dass Ihre Mitarbeiter Sie als Vorgesetzte oder Vorgesetzen respektieren, Ihnen vertrauen und sich Ihnen gegenüber loyal verhalten. Sie sollen Ihnen „treu" bleiben und nicht mit wehenden Fahnen die Stelle wechseln.

Im vorliegenden Kapitel geht es um eher allgemeine Themen wie eine förderliche Kommunikation, die Auswahl von neuen Mitarbeitern sowie die Entwicklungsstufe Ihrer Mitarbeiter und Ihres Teams. Dem Thema Förderung und Motivation Ihrer Mitarbeiter sowie dem Mitarbeitergespräch ist aufgrund seiner besonderen Wichtigkeit ein eigenes Kapitel gewidmet (Kapitel 4).

Die richtigen Worte und den richtigen Ton finden – Wege zu einer effektiven Kommunikation

Die erste Hürde stellt sich Ihnen möglicherweise in den Weg, bevor es mit dem Gespräch überhaupt losgeht: die Anrede – du oder Sie? Was ist mit Kollegen, die Sie vorher geduzt haben und die jetzt Ihre Mitarbeiter geworden sind? Bedenken Sie Folgendes: Ihre „Macht" als Führungskraft hängt nicht davon ab, ob Sie Ihre Mitarbeiter duzen oder siezen, und umgekehrt. Ihr Einfluss beruht auf Ihren fachlichen Kompetenzen, in einem gewissen Ausmaß auf Ihrer Stellung in der Unternehmenshierarchie, aber vor allem auf Ihren Führungsqualitäten, also den so genannten soft skills (emotionale und geistige Intelligenz). Dazu gehört auch Ihre Bereitschaft, allen zu zeigen, dass Sie Ihre Führungsaufgabe ernst und wahrnehmen (siehe Einleitung „Worum es geht"). Am wichtigsten ist, dass Sie sich authentisch verhalten, das heißt, wenn Sie das „du" als Anrede bevorzugen, dann einigen Sie sich mit Ihren Mitarbeitern in dieser Richtung. Wenn Sie das „Sie" bevorzugen, dann bleiben Sie dabei. Für die Zusammenarbeit ist es nicht förderlich, wenn Sie sich – in welche Richtung auch immer – verbiegen.

Tipps zum Thema Anrede

Gegenüber Kollegen, die Sie bisher geduzt haben, sollte es beim „du" bleiben.
Auch wenn sie jetzt Ihre Mitarbeiter sind.

Machen Sie klar, dass sich aus dem „du"
keine Privilegien oder ein Sonderstatus
ableiten.

Ziehen Sie bei privaten und beruflichen
Kontakten an einem Strang: ein „du" im
Privatleben bedeutet auch ein „du" im
Berufsalltag.

Das „Sie" steht herzlichen Kontakten
nicht im Wege. Es kann ein Zeichen von
Distanz, aber auch von besonderem
Respekt und Wertschätzung sein.

Bestimmt kennen Sie den Ausspruch
des Kommunikationswissenschaftlers Paul
Watzlawick: **„Man kann nicht nicht kommunizieren."** Selbst wenn Sie gerade mit
Worten nichts sagen, heißt es nicht, dass
Sie stumm sind. Im Gegenteil: Ihre Körperhaltung, Ihr Gesichtsausdruck oder Dinge,
die Sie gerade tun, sprechen für Sie. Neben
Ihrer Körpersprache, also Ihrer Mimik, Ihrer
Gestik (Wie oft drehen Sie beispielsweise
Däumchen im Gespräch und was geht dann
gerade in Ihnen vor?) und Ihrer Körperhaltung, ist es wichtig, dass Sie Ihren Mitarbeitern auch mit Worten das Gefühl vermitteln,
dass Sie Ihnen zuhören.

Sie vermitteln Ihrem Gesprächspartner
genau das Gegenteil, wenn Sie

- sie oder ihn ständig unterbrechen, weil
Sie schon glauben zu wissen, was er/sie
sagen will
- keinen oder nur selten Blickkontakt mit
Ihrem Gegenüber aufnehmen

- sich parallel mit anderen Aufgaben
beschäftigen, besonders beliebt sind hier das
Lesen oder Schreiben von Mails
- das Thema ständig und sprunghaft wechseln

**Tipps zum Thema Effektives
Zuhören**

Seien Sie offen und lassen Sie sich
auf das ein, was Ihr Gegenüber Ihnen
tatsächlich sagt. Hören Sie zu und stellen
Sie Ihre persönlichen Erwartungen und
Erfahrungen zurück. Sie werden merken,
dass sie oft gar nicht zutreffen und fehl
am Platze sind.

Vermeiden Sie Unterbrechungen: sowohl
durch Sie selbst, das heißt lassen Sie
Ihren Gesprächspartner ausreden, als
auch durch andere, zum Beispiel Telefon
oder andere Mitarbeiter.

Zeigen Sie Ihrem Gegenüber durch
verbale (mh, ja, aha, okay ...) und non-
verbale Rückmeldungen (Mimik, Gestik,
Kopfnicken), dass Sie noch bei ihm
beziehungsweise ihr sind.

Wenn Sie diese Tipps beherzigen, können Sie Ihre Gesprächspartner leichter
dazu bewegen, sich frei und offen zu
äußern.

**Als Führungskraft übernehmen Sie eine
Vorbildfunktion für Ihre Mitarbeiter.** Das
gilt auch für Ihr Kommunikationsverhalten.
Äußern Sie Ihre Meinungen und Absichten
möglichst klar, logisch, eindeutig und prä-
gnant. Kommunizieren Sie mit Taktgefühl.
Taktgefühl meint den ungesagten Teil dessen, was Sie denken. Äußern Sie also Ihre
Meinung so, dass Sie sich keine Feinde
schaffen und sich niemand auf den Schlips
getreten fühlt.

Vermeiden Sie schwammige und ungenaue Formulierungen wie „Man könnte, sollte, müsste …" oder verbale Rundumschläge, die unter die Gürtellinie zielen. Bedenken Sie: Wenn Sie mit einem Finger auf andere deuten, zeigen drei Finger auf Sie selbst. Das Gleiche gilt für Ihr Kommunikationsverhalten: Wenn Sie andere angreifen, sagen Sie damit nicht nur etwas über Ihr Gegenüber, sondern auch einiges über sich selbst aus. Was genau, das lesen Sie im nächsten Abschnitt.

Friedemann Schulz von Thun, Psychologe, Kommunikationstrainer und Autor zahlreicher Bücher, hat ein sehr einfach zu verstehendes und universal einsetzbares Kommunikationsmodell entwickelt, mit dessen Hilfe sich viele Kommunikationsprobleme aufdecken und klären lassen. Es geht um die vier Seiten einer Nachricht (siehe Abbildung 8). Diese vier Seiten sind die Sachebene, das heißt das Thema, um das es geht, und was Sie sagen wollen, die Beziehungsebene, also wie Sie die Beziehung zu Ihrem Gegenüber definieren, die Selbstoffenbarung beziehungsweise was Sie von sich selbst kundgeben, und schließlich ein Appell, den Sie an Ihr Gegenüber richten, also wozu Sie ihn oder sie veranlassen möchten. Jeder Sender einer Nachricht – egal ob es sich dabei um Sie, Ihre Mitarbeiter oder Ihren Vorgesetzten handelt – sendet neben dem verbalen Inhalt auf der Sachebene die drei weiteren Seiten seiner Botschaft an den Empfänger. Die Kunst der Kommunikation ist es, zwischen den Zeilen zu lesen und zu entdecken,

was nicht gesagt, aber gemeint ist. Entscheidend ist dabei auch, dass die vier Seiten einer Information mit den Signalen der nonverbalen Kommunikation übereinstimmen.

Hierzu ein Beispiel: Ein Mitarbeiter kommt zu Ihnen und beklagt sich darüber, dass er sich mit einer bestimmten Aufgabe überfordert fühlt. Die Botschaft auf der Sachebene lautet: „Ich fühle mich überfordert und kann diese Aufgabe so nicht bewältigen." Der Mitarbeiter gibt damit von sich preis: „Mir geht es schlecht. Ich fühle mich nicht wohl und bin unzufrieden." Der Appell lautet: „Sorge dafür, dass es mir wieder besser geht. Sorge dafür, dass ich entlastet werde." Wie Ihr Mitarbeiter die Beziehungsebene definiert, können Sie aus seinen nonverbalen Signalen ablesen: Spricht er mit Ihnen in vorwurfsvollem und leicht aggressivem Ton, ist seine Körperhaltung eher angriffslustig und nach vorne geneigt, dann wird er Sie als Ursache für seine Überlastung sehen. Die Botschaft lautet dann: „Du bist schuld daran, dass es mir schlecht geht." Ist sein Ton eher leise und bedrückt, seine Körperhaltung eher nach unten gebeugt, dann sieht er in Ihnen vermutlich den Retter, der ihn von seiner Überlastung befreien kann.

Wozu nun diese Ausführungen? Jeder Mensch nimmt in wechselnden Situationen die Rolle des Senders oder Empfängers von Nachrichten wahr. Für Sie als Führungskraft ist Kommunikation besonders wichtig. Von daher sollten Sie sich in Ihrer Rolle als Sender auf Gespräche vorbereiten und sich vorher überlegen, welche Botschaften Sie auf welcher Ebene übermitteln (wollen). Als Empfänger von Nachrichten ist es wichtig, dass Sie nicht nur das gesprochene Wort Ihres Gegenübers hören (denken Sie daran, Ihre eigenen Worte und Gedanken kurzzeitig abzustellen), sondern auch die Nachrichten auf den anderen drei Ebenen und die nonverbalen Signale empfangen.

„Der Empfänger hat immer Recht." Wenn Ihr Gegenüber Sie nicht richtig verstanden hat, dann liegt das nicht daran, dass er oder sie begriffsstutzig ist oder per se nicht zugehört hat (was allerdings doch manchmal vorkommt), sondern daran, dass Sie Ihre Botschaft nicht richtig übermittelt haben. Also: Sie sind für das verantwortlich, was beim Empfänger ankommt. Im Zweifelsfall

ist es sinnvoll, noch einmal nachzufragen, was Ihr Gesprächspartner gehört beziehungsweise verstanden hat und ob die empfangene Nachricht in Ihrem Sinne ist.

Informieren Sie Ihre Mitarbeiter! Über zu viele – relevante – Informationen hat sich noch nie jemand beklagt. Erfahrungsgemäß ist das größte Problem in Unternehmen, dass die Mitarbeiter zu wenige beziehungsweise nicht die richtigen, nämlich wichtigen Informationen bekommen. Informieren Sie sie also kurz und bündig; senken Sie dabei die Dichte an irrelevanten Informationen und erhöhen Sie die Kommunikationsdichte. Menschen, die zu wenig informiert werden, schaffen sich ihre eigene Wirklichkeit – und die besteht oft aus Gerüchten und Halbwahrheiten.

Abbildung 8: Die vier Seiten einer Nachricht (nach Friedemann Schulz von Thun)

Weitere Tipps zum Thema Kommunikation

Stellen Sie Ihren Mitarbeitern offene Fragen. Zum Beispiel Fragen mit wer, was, wo, wann, wozu.

Vermeiden Sie Fragen nach dem Warum. Sie setzen Ihr Gegenüber damit unter Druck, sich rechtfertigen zu müssen. Fragen Sie lieber nach dem Wozu, also dem Ziel, das Ihr Gesprächspartner mit seinem Tun verfolgt hat.

Sprechen Sie Lob und Anerkennung aus. Nicht nach dem Gießkannenprinzip, aber geizen Sie auch nicht zu sehr damit. Es besteht selten die „Gefahr", dass zu viel gelobt wird.

Halten Sie Meetings auch mal im Stehen ab. Das ist gut für Ihren Körper und verkürzt die Besprechungszeit aufs Wesentliche.

Zum Umgang mit Vielrednern: Fragen Sie, was Sie unmittelbar für ihn tun können. Bleibt die Antwort aus – was meistens der Fall sein wird –, bitten Sie ihn um drei Lösungsvorschläge für sein Problem, das Sie zu einem festen, zeitlich begrenzten Termin – 15 Minuten Dauer am Spätnachmittag – mit ihm besprechen wollen. Manche Probleme lösen sich auf diese Art von selbst, auf jeden Fall haben Sie Ihren Mitarbeiter aber zum Mitdenken angeregt.

Halten Sie wichtige Informationen schriftlich fest. Dazu gehören unter anderem Vereinbarungen, Ziele, Erwartungen, Aktivitäten, Termine und Verhaltensprobleme.

Zeigen Sie, dass Sie Humor haben. Das heißt nicht, dass Sie ständig Witze parat haben sollen – vor allem nicht, wenn Sie der Einzige sind, der darüber lacht. Stellen Sie sich häufiger mal neben sich und lachen Sie über Ihre eigenen kleinen Missgeschicke. Lachen Sie zusammen mit Ihren Mitarbeitern. Das macht Sie sympathisch und menschlich – und vieles leichter.

Sorgen Sie dafür, dass Informationswege eingehalten werden. Beispielsweise laufen Informationen von Ihren Mitarbeitern an Ihren Vorgesetzten üblicherweise über Sie (Ausnahmen bestätigen die Regel). Wenn einer Ihrer Mitarbeiter zu oft bei Ihrem eigenen Vorgesetzten vorspricht, sollten Sie der Sache nachgehen. Vielleicht hat es eine ernst zu nehmende Ursache, die mit Ihren Führungsqualitäten zu tun hat, vielleicht liegt es aber auch nur an einer Gewohnheit, die ihren Ursprung in der Vergangenheit hat, aber dennoch abgestellt werden sollte.

Fragen Sie Ihre Mitarbeiter nach ihrer Meinung. Menschen, die gefragt werden, fühlen sich ernst genommen, einbezogen und wertgeschätzt. Das kennen Sie bestimmt auch aus eigener Erfahrung. Zum einen werden Sie überrascht sein, welch kreatives Potenzial in Ihren Mitarbeitern steckt, das Sie auf einfachem Wege nutzen können, zum anderen leisten Sie einen sehr wichtigen Beitrag zur Motivation Ihrer Mitarbeiter. Doch dazu mehr im nächsten Kapitel.

Die Ursache für nachlassende Arbeitsleistungen eines Ihrer Mitarbeiter können Motivationsprobleme sein. So berichtete mir ein Klient von einer ehemals sehr zuverlässigen und flinken Mitarbeiterin, die seit einigen Wochen bei ihrer Arbeit immer mehr Fehler machte und für die Bearbeitung ihr aufgetragener Aufgaben immer mehr Zeit benötigte.

Allerdings kann die Ursache für nachlassende Leistungen auch in unzureichender Kommunikation, also in einem Führungsproblem liegen. Das ist häufiger der Fall, als Ihnen vielleicht recht ist, und bedeutet, dass Sie als Vorgesetzter Ihren Aufgaben nur unzureichend nachgekommen sind. Ich meine damit nicht, dass Sie Ihre Führungsaufgaben absichtlich vernachlässigen, oft geschieht es einfach, weil Sie noch nicht das Gespür für das richtige Ausmaß an Kommunikation haben.

Sprechen Sie Ihre Beobachtungen bezüglich der nachlassenden Leistungen offen gegenüber Ihrem Mitarbeiter an und beseitigen Sie deren Ursachen. Mangelnde Kommunikation zeigt sich darin, dass Ihr Mitarbeiter entweder die an ihn gestellten Erwartungen nicht kennt oder ihm wichtige Informationen fehlen und er nicht weiß, was er tun soll. Möglicherweise hapert es auch an Unterstützung und er hat nicht die richtigen Materialien und Ressourcen zur Problemlösung zur Verfügung. Schließlich kann es auch sein, dass er die Qualität seiner Leistungen nicht einschätzen kann, da Sie ihm kein entsprechendes Feedback gegeben haben.

Zu Ihren Aufgaben als Führungskraft gehört es auch, dafür zu sorgen, dass Vereinbarungen und gewisse Spielregeln eingehalten werden. Wenn sich Mitarbeiter nicht daran halten, ist es erforderlich, dass Sie Gebrauch von Ihrer Funktion als disziplinarischer Vorgesetzter machen.

Tipps zum Thema Für Disziplin sorgen

Loben Sie in der „Öffentlichkeit", aber tadeln Sie unter vier Augen.

Seien Sie fair und berechenbar, das heißt, behandeln Sie alle Mitarbeiter gleich und nach klaren Maßstäben.

Erklären Sie Ihrem Mitarbeiter die Zusammenhänge und kritisieren und tadeln Sie das konkrete Fehlverhalten, aber nie die Person.

Reagieren Sie in zeitlicher Nähe zu dem Geschehen – spätestens am folgenden Tag.

Handeln und urteilen Sie sachlich, ruhig und möglichst objektiv. Vermeiden Sie vor allem übereilte emotionale Reaktionen und persönliche Betroffenheit (insbesondere Wut und Aggressionen).

Seien Sie authentisch und zeigen Sie, dass Sie von Ihrem Vorgehen überzeugt sind.

Dokumentieren Sie alle relevanten Fakten für eine spätere Nachvollziehbarkeit.

So finden Sie die Richtige/den Richtigen – Tipps für die Mitarbeiterauswahl

Es kann passieren, dass nicht nur Sie eine neue Stelle übernehmen und sich in Ihrem neuen Umfeld zurechtfinden sollen, sondern dass Sie auch kurz darauf vor die Aufgabe gestellt werden, neue Mitarbeiter auszuwählen und einzustellen. Der erste Schritt für die Auswahl der richtigen Mitarbeiterin oder des richtigen Mitarbeiters ist eine Stellen- oder Tätigkeitsbeschreibung, in der möglichst genau und realitätsgetreu die Verantwortungsbereiche und die Erwartungen an die Fachkenntnisse, Leistungen, Erfahrungen und die Persönlichkeit des Bewerbers sowie die für die Stelle bedeutsamsten Eigenschaften aufgeführt sind. Sinnvoll kann es auch sein, Angaben über zukünftige Kollegen, Mitarbeiter oder Vorgesetzte zu machen. Es ist hilfreich, diese ausführlicher Tätigkeitsbeschreibung, die in der Regel nicht zur Stellenausschreibung verwendet wird, den Bewerbern vor dem Einstellungsgespräch zukommen zu lassen.

Legen Sie bei der Auswahl von neuen Mitarbeitern den Schwerpunkt nicht allein auf Fachkompetenzen und Qualifikationen – je nach Attraktivität Ihres Unternehmens und der Stelle werden Ihnen vermutlich unzählige hochqualifizierte Bewerber begegnen, sondern berücksichtigen Sie auch die so genannten weichen Faktoren, wie eine positive Einstellung zu der Tätigkeit, Belastbarkeit, Enthusiasmus und die Bereitschaft, Herausforderungen anzunehmen.

Im Gegensatz zu Qualifikationen und Fachkompetenzen, die durch Weiterbildungen erlangt werden können, sind diese Eigenschaften entweder vorhanden oder nicht – sie können aber nicht kurz- oder mittelfristig erlernt werden.

Außerdem ist es sinnvoll, dass Sie sich auf die Stärken Ihrer potenziellen Mitarbeiter konzentrieren. Aus Stärken können sich Spitzenleistungen entwickeln, Schwächen können dagegen maximal zu mittelmäßigen Leistungen gefördert werden. Aus einem leidlichen Tennisspieler wird nie ein Profi oder der Gewinner eines Grandslam-Turniers.

Fördern und fordern Sie bereits im Einstellungsgespräch die Kundenperspektive bei den Bewerbern. Damit sind nicht nur die externen Kunden und Endverbraucher gemeint, sondern auch die internen Kunden, also beispielsweise die Mitarbeiter und Kollegen. Der schwedische Manager und ehemalige Chief Executive Officer (CEO) der Scandinavian Airlines System SAS Jan Carlzon sagt sehr treffend: „Es darf in einem Unternehmen nur zwei Arten von Mitarbeitern geben. Die, die sich um die Kunden kümmern, und die, die sich um die kümmern, die sich um die Kunden kümmern." Andere Mitarbeiter kann sich heute kein Unternehmen mehr leisten.

Neben den Informationen, die Sie aus den Bewerbungsunterlagen – sowohl aus der Form der Unterlagen als auch aus den Inhalten – erfahren, möchten Sie im Gespräch auch die Wertvorstellungen, Ziele und erste Persönlichkeitseigenschaften Ihres Gegenübers kennen lernen. Das gelingt Ihnen am besten, wenn Sie sich an den Ausführungen zum Thema Kommunikation zu Beginn dieses Kapitels orientieren und außerdem entsprechende Fragen stellen. Die nachfolgenden Fragen sollen Ihnen als Anregung dienen, eigene Fragen zu für Sie relevanten Themen zu entwickeln. (Eine Anregung zum Selbst-Coaching: Finden Sie selbst Antworten auf diese Fragen.)

Tipps zum Thema Einstellungsgespräche

Personalauswahl gehört zu Ihren ureigenen Führungsausgaben und ist nicht delegierbar.

Nehmen Sie sich Zeit für das Einstellungsgespräch. Bedenken Sie, Sie suchen einen Mitarbeiter, der für eine lange Zeit einen wertvollen Beitrag zum Erfolg Ihrer Abteilung leisten und Ihnen dabei helfen soll, Ihre Ziele zu erreichen. (Ihren Partner oder Ihre Partnerin werden Sie sich vermutlich auch nicht innerhalb von zehn Minuten ausgesucht haben – auch wenn die Tragweite hier natürlich eine andere ist.)

Sorgen Sie für eine angenehme, entspannte Atmosphäre ohne Störungen. Ihr Bewerber wird auch so schon nervös genug sein. Außerdem wollen Sie sie oder ihn ja auch von ihren besten Seiten kennen lernen und nicht nur in Belastungssituationen.

Machen Sie sich während des Gesprächs Notizen und hören Sie ansonsten zu! Nichts ist unsäglicher als Vorstellungsgespräche, bei denen potenzielle Vorgesetzte sich selbst darzustellen und Bewerber überhaupt nicht zu Wort kommen lassen.

Werten Sie Ihre Informationen nach dem Gespräch aus – am besten nach einem Katalog von Kriterien, die Sie sich bereits im Vorfeld überlegt haben, und fassen Sie sie zu einem Gesamtergebnis zusammen. Empfehlenswert ist ein numerisches System mit Schulnoten oder noch besser nach dem Erfüllungsgrad Ihrer Erwartungen (–1 = Erwartungen nicht erfüllt, 0 = erfüllt, +1 = übertroffen, +2 = deutlich übertroffen). Allerdings: Je komplizierter Ihr Bewertungssystem wird, desto weniger praktikabel ist es. Und: Die Entscheidung treffen müssen Sie so oder so – dafür sind Sie Führungskraft. Also: Gestalten Sie Ihr System so einfach wie möglich und nur so komplex wie unbedingt nötig. In großen Konzernen gibt es teilweise Bewertungskataloge für die Auswahl von Mitarbeitern, die Sie natürlich zu Ihrer Unterstützung verwenden können – Sie werden jedoch nicht umhin kommen, sich Gedanken über Ihre persönlichen Kriterien zu machen. Denn Patentrezepte für die Auswahl des richtigen Mitarbeiters gibt es nicht.

Entscheiden Sie sich für den Bewerber oder die Bewerberin mit dem besten Ergebnis.

Tipps zum Thema Fragen im Einstellungsgespräch

Thema Positive Einstellung

Was reizt Sie an Ihrem Beruf? Weshalb haben Sie sich gerade für diesen Beruf entschieden?

Welche Phasen oder Stationen waren in Ihrem beruflichen Leben besonders wichtig? Wer/was hat Sie besonders geprägt? Welchen Einfluss hat das auf Ihr heutiges Verhalten/Ihre heutigen Einstellungen?

Was sind Ihre beruflichen Ziele beziehungsweise Ambitionen? Wer/was kann Ihre beruflichen Ambitionen fördern/behindern? Was sind Ihre Stärken/Interessen/Neigungen? Was fehlt Ihnen noch? Wie können Sie sich diese Kompetenzen/ Erfahrungen verschaffen? Was haben Sie bisher dazu unternommen?

Was erhoffen Sie sich von dem Stellenwechsel? Was reizt Sie an dieser Stelle? Inwieweit bringt Sie diese Stelle Ihren Zielen näher? Inwieweit passen die Anforderungen der Stelle zu Ihren Bedürfnissen und Erwartungen?

Thema Belastbarkeit

Wann hatten Sie zum letzten Mal das Gefühl, wirklich etwas geleistet zu haben? Worum ging es da? Was war Ihr Ziel? Wie haben Sie es erreicht? Wie haben andere darauf reagiert?

Bei was für Aufgaben haben Sie sich überfordert/unterfordert gefühlt? Wie sind Sie mit dieser Situation umgegangen?

Welche Arbeitsgewohnheiten kennen Sie von sich? Was ist davon (weniger) förderlich? In welcher Situation war es erforderlich, dass Sie Ihre Gewohnheiten über Bord werfen?

Wie organisieren Sie Ihre Arbeit? Welche Hilfsmittel benutzen Sie dabei? Wo sehen Sie Schwachstellen? Wie gehen Sie mit unerwarteten Störungen oder Veränderungen um? Wie sorgen Sie dafür, dass Sie die zu erledigende Arbeit bewältigen? Beschreiben Sie eine Situation, in der Sie Ihren Zeitplan nicht einhalten konnten. Wie sind Sie mit dieser Situation umgegangen? Was war Ihr Anteil an der Situation? Was würden Sie heute anders machen?

Wie gehen Sie mit Konflikten um? Beschreiben Sie eine Situation, in der Ihnen die Lösung eines Konfliktes besonders/weniger gut gelungen ist. Was war das Ergebnis? Was würden Sie heute anders machen?

Wie verhalten Sie sich in einer Situation, in der Sie einfach nicht verstehen, was Ihr Gegenüber von Ihnen will? Nennen Sie ein Beispiel. Wo lag das Problem? Wie haben Sie es gelöst?

Thema Enthusiasmus

Wann haben Sie sich das letzte Mal mit ganzer Kraft für ein anspruchsvolles Ziel oder eine Sache eingesetzt? Worum ging es da? Wie zufrieden waren Sie mit dem Ergebnis? Was für Hürden mussten Sie nehmen? Was lief (weniger) gut dabei?

Wann haben Sie das letzte Mal für Ihre Ansichten/Argumente so richtig gekämpft? Worum ging es dabei? Wie haben Sie versucht die anderen zu überzeugen? Wie haben Sie auf deren Gegenargumente reagiert? Was war das Ergebnis der Diskussion? Was würden Sie heute anders machen?

Wie verhalten Sie sich, wenn Sie sich für ein Thema oder eine Sache begeistern? Beschreiben Sie eine Situation aus der Vergangenheit. Wie ist die Sache verlaufen? Wie erfolgreich waren Sie mit Ihrem Tun? Woran haben Sie das gemerkt?

Wie leicht können Sie eine Beziehung zu Ihrem Gesprächspartner aufbauen? Wie gehen Sie dabei vor? Beschreiben Sie eine Situation aus der Vergangenheit.

Was war die letzte Vision/langfristige Perspektive, die Sie entwickelt haben? Was war daran visionär? Was haben andere dazu gesagt? Was haben Sie dazu beigetragen, diese Vision umzusetzen? Was ist daraus geworden?

Thema Bereitschaft, Herausforderungen anzunehmen

Was ist die schwierigste Aufgabe, die Sie sich zutrauen? Wo liegt dabei die Herausforderung für Sie? Was passiert, wenn Sie noch einen Schritt weiter gehen? Was sind Ihre Befürchtungen?

Was war die schwierigste/wichtigste Entscheidung, die Sie in der vergangenen Zeit getroffen haben? Wie sind Sie vorgegangen? Wie viel Zeit haben Sie für Ihre Entscheidungsfindung gebraucht?

Wie gehen Sie mit Situationen um, in denen Sie viele Wahl- und Entscheidungsmöglichkeiten haben? Nennen Sie ein Beispiel aus der Vergangenheit. Wie sind Sie da vorgegangen? Wie haben Sie gemerkt, dass Ihre Entscheidung richtig war?

Wie gehen Sie vor, wenn Sie es mit einem neuen Thema zu tun haben? Wenn Sie nach neuen Lösungswegen suchen? Beschreiben Sie eine Situation, in der Ihnen das besonders/weniger gut gelungen ist. Woran lag das Ihrer Meinung nach?

Was für zukünftige Entwicklungen erwarten Sie in Ihrem Tätigkeitsgebiet? Was spricht dafür? Wie informieren Sie sich über Zukunftstrends? Wie sorgen Sie dafür, dass Ihre Leistungen auch zukünftigen Anforderungen entsprechen?

Wie gehen Sie mit Veränderungen um? Beschreiben Sie eine Situation, in der Ihnen das besonders/weniger gut gelungen ist. Was hat Sie daran gehindert, sich anders zu verhalten? Was haben Sie aus dieser Erfahrung gelernt?

Beschreiben Sie eine Situation, in der Sie mit ganz anderen, Ihnen fremden Wertvorstellungen und Einstellungen konfrontiert waren. Was war daran fremd/neu/anders? Wie haben Sie sich verhalten? Wie ist die Sache ausgegangen? Was haben Sie daraus gelernt?

Wie gehen Sie vor, wenn Sie eine Kundenbeziehung aufbauen wollen? Welche Schwierigkeiten sehen Sie? Wie gehen Sie damit um? Beschreiben Sie eine Situation, in der es Ihnen besonders/weniger gut gelungen ist, eine gute Kundenbeziehung aufzubauen. Woran lag das? Was bedeutet für Sie Kundenzufriedenheit bei Ihrer speziellen Tätigkeit?

Wo stehen Ihre Mitarbeiter?

Bei der Frage „Wo stehen Ihre Mitarbeiter?" geht es um die richtige Einschätzung der Entwicklungsstufe Ihrer Mitarbeiter. Daraus lässt sich der „richtige" Führungsstil ableiten, mit dem Sie einen Mitarbeiter beziehungsweise eine Mitarbeiterin in Bezug auf eine bestimmte Aufgabe führen und fordern – ohne sie beziehungsweise ihn zu über- oder unterfordern. Genau diese Einschränkung ist wichtig: Es geht um die Führung hinsichtlich einer bestimmten Aufgabe und nicht in Bezug auf die Person allgemein. Es ist durchaus möglich, dass ein Mitarbeiter sich bei verschiedenen Aufgaben auf unterschiedlichen Entwicklungsstufen befindet und von daher auch ein unterschiedliches Ausmaß an Unterstützung von Ihnen benötigt. Gerade bei einem neuen und unerfahrenen Mitarbeiter besteht die Gefahr, dass Sie ihn im Regen stehen lassen oder ins kalte Wasser stoßen, weil Sie glauben (oder vielleicht auch selbst diese leidvolle Erfahrung gemacht haben), dass Sie ihm damit helfen, sich besser zurechtzufinden. Das ist aber in den seltensten Fällen zutreffend, denn was Ihr Mitarbeiter braucht, sind Unterstützung und Anleitung, damit er nicht überfordert wird. Wenn der Regen nämlich gar nicht mehr aufhört und die Aufgaben zu scheitern drohen, besteht die Gefahr, dass Sie als Führungskraft ein zu stark unterstützendes und dirigierendes Verhalten an den Tag legen und damit Ihren Mitarbeiter jeglicher Entwicklungsmöglichkeiten in Richtung Selbstständigkeit berauben. Also: Bemühen Sie sich von Anfang an um die richtige Balance zwischen Unterstützung und Anleitung, zwischen Über- und

Unterforderung, statt zwischen den beiden Extremen hin- und herzupendeln. Wenn Sie sich nicht sicher sind, suchen Sie das offene Gespräch mit Ihrem Mitarbeiter und fragen Sie ihn oder sie, was er/sie von Ihnen als Führungskraft braucht.

Aus meiner Beratungspraxis möchte ich Ihnen allerdings auch berichten, dass es gelegentlich Mitarbeiter gibt, die Sie trotz aller Bemühungen nur sehr schwer – manchmal auch gar nicht – motivieren können. Das liegt dann nicht an Ihnen beziehungsweise an Ihren Fähigkeiten als Führungskraft, sondern schlichtweg an dem „harten Brocken", den Sie vor sich haben.

Junge Mitarbeiter sind erfahrungsgemäß leichter zu motivieren, Ihre Herausforderung können dagegen frustrierte Mitarbeiter und so genannte alte Hasen sein. Das sind Mitarbeiter, die möglicherweise deutlich älter und länger als Sie im Unternehmen sind. Sie sind davon überzeugt, dass sie den Laden in- und auswendig kennen und man ihnen nichts mehr vormachen kann. Sie sind offensichtlich frustriert und erledigen ihre Aufgaben auf ihre Art (wie sie es schon immer gemacht haben) und lassen sich da nicht hineinreden. Vielleicht arbeiten sie auch nur noch, um ihre Position bis zur Berentung zu halten, und haben kein Interesse an einer persönlichen Weiterentwicklung.

Was können Sie mit solchen Mitarbeitern tun? Bevor Sie in Ihren Werkzeugkasten zur Mitarbeitermotivation greifen und sich die Zähne ausbeißen, sollten Sie wissen, dass

Entwicklungsstufe	niedrig	mittel		hoch
	begeisterter Anfänger	enttäuschter Einsteiger	leistungs- fähiger Aufsteiger	tüchtiger Könner
Kompetenz	eher gering	vorhanden	mittel bis hoch	hoch
Engagement	hoch	gering	schwankend	hoch
Entwicklungs- potenzial	vorhanden ←		→	ausgeschöpft
Optimaler Führungsstil	dirigieren	trainieren	unterstützen	delegieren
dirigierendes Verhalten	stark	stark	wenig	wenig
unterstützendes Verhalten	wenig	stark	stark	wenig

Wo stehen Ihre Mitarbeiter konkret?			
Name und Aufgabe	Kreuzen Sie die Entwicklungsstufe an.		

Abbildung 9: Die Entwicklungsstufen Ihrer Mitarbeiter und was sie von Ihnen brauchen

Abbildung 10: Effektive Kommunikation und aktives Zuhören

Sie einen Menschen nur dann motivieren können, wenn er oder sie über ein gewisses Ausmaß an Eigenmotivation und die Bereitschaft verfügt, sich überhaupt motivieren zu lassen. Sie können einen Mitarbeiter nicht dazu bringen, etwas zu tun, was er oder sie gar nicht tun will.

Auch in dieser schwierigen Situation empfehle ich Ihnen, das offene Gespräch mit Ihrem Mitarbeiter zu suchen. Sorgen Sie für eine vertrauensvolle Atmosphäre und lassen Sie sich seinen Standpunkt und seine Ansichten darlegen. Anschließend sprechen Sie über Ihre Beobachtungen und Ihre Überlegungen. Versuchen Sie anschließend eine gemeinsame Lösung im Sinne einer Win-Win-Situation zu finden, die alle Seiten

zufrieden stellt. Vielleicht erleben Sie nach einem offenen Gespräch aber auch ein kleines Wunder und Ihr Mitarbeiter verändert seine bisherige starre und vordergründig unkooperative Haltung: Möglicherweise hat es ihm „nur" an Anerkennung und Wertschätzung für seine langjährige Treue und Loyalität gemangelt.

Wo steht Ihr Team?

Der Begriff Team ist inzwischen zu einem Modebegriff geworden. Überall spricht man in der Hoffnung, Synergieeffekte nutzen zu können – 2 + 2 = 5 –, von Teamarbeit und Teams: beispielsweise wenn innerhalb einer Abteilung mehreren Mitarbeitern ohne konkrete Funktionsteilung eine Aufgabe übertragen wird. Gelegentlich wird auch die ganze Abteilung direkt als Team bezeichnet, obwohl es sich dabei eher um eine „Arbeitsgruppe" oder schlichtweg eine Abteilung handelt. Der Begriff Teamarbeit wird für die harmonische, konfliktarme und effektive Zusammenarbeit zwischen Kollegen verwendet. Bisweilen dient das Team auch als Alibi und bezeichnet den Verzicht auf Individualität und die Anpassung an die Unternehmensnormen. Das alles hat aber mit dem eigentlichen Teambegriff wenig zu tun.

Merkmale eines Teams – abzugrenzen von verschiedenen Formen von Gruppenarbeit (Arbeitsgruppe, Projektgruppe, teilautonome Arbeitsgruppe, Qualitätszirkel etc.) sind:

▨ Teams sind per Definition eine Denkgruppe, das heißt ihre Dienstleistung besteht in intellektuellen Tätigkeiten. Das Ergebnis dieser Denkleistung ist ein gemeinsames geistiges Produkt.

▨ Teams erfordern die multidisziplinäre Zusammenarbeit hochqualifizierter Spezialisten. In der Regel ist die Teamarbeit mit einer sehr hohen Kommunikationsdichte verbunden.

▨ Die Teammitglieder tragen die gemeinsame Verantwortung für das Ergebnis ihrer Arbeit.

▨ Bei der Arbeit im Team spielt Vertrauen eine zentrale Rolle: Die Arbeit basiert auf Vertrauen, ist auf Vertrauen angewiesen und stiftet Vertrauen.

Bevor Sie sich also mit den Fragen der Teamentwicklung beschäftigen, sollten Sie eine Bestandsaufnahme machen: Ist Ihr Team wirklich ein Team oder eher eine Arbeitsgruppe oder eine kleine Abteilung? Selbst wenn es „nur" eine Arbeitsgruppe ist, sagt dieser Begriff noch nichts über die Qualität der Arbeitsergebnisse aus. Auch Arbeitsgruppen können Synergieeffekte nutzen und sehr gute Arbeit leisten – sie sind eben nur kein Team.

Zur Analyse der Entwicklung und der Gruppendynamik Ihres Teams bietet sich das 4-Phasen-Modell des amerikanischen Psychologen Bruce Tuckman an. Dieses Modell gibt Ihnen Auskunft über die wichtigsten Prozesse, die zu einem bestimmten Zeitpunkt in einem Team ablaufen, und über dessen Leistungsfähigkeit:

1. Testphase oder „forming"
Die Mitarbeiter gehen freundlich und locker miteinander um, tasten einander auf Gemeinsamkeiten und Unterschiede, Sympathie und Antipathie ab, ordnen sich gegenseitig ein und versuchen die eigene Position im Team zu finden. Diese erste Phase dient dem Beziehungsaufbau, der Klärung von Zielen, Erwartungen, ersten Spielregeln und der Entscheidung, ob man überhaupt zusammenarbeiten möchte.

2. Nahkampfphase oder „storming"
In dieser Phase geht es vorrangig um die Klärung der Beziehungen: Es bilden sich Cliquen, Personen gehen auf Konfrontation miteinander, unterschwellige Konflikte brechen auf. Fragen der Art der Zusammenarbeit, der Macht und der Kontrolle stehen auf der Tagesordnung. Das Vorwärtskommen ist

mühsam, ein Gefühl der Ausweglosigkeit kann sich breit machen. Diese Phase ist die kritische Phase der Gruppenentwicklung, da sie auch zum Zerfall der Gruppe führen kann. Die Klärung der Frage der Kontrolle in einer für alle zufrieden stellenden Form ist die Voraussetzung für die Weiterentwicklung des Teams.

Tipps zum Thema Dynamik in Ihrem Team/Ihrer Arbeitsgruppe

Stellen Sie Ihre „Mannschaft" auf einem Flipchart dar: Für jede Mitarbeiterin und jeden Mitarbeiter, der dazu gehört, zeichnen Sie einen Kreis und schreiben ihren beziehungsweise seinen Namen hinein. Vergessen Sie auch nicht, Ihre Teamassistentin und sich selbst einzuzeichnen – Sie gehören schließlich auch dazu. Ein Beispiel, wie so eine Darstellung aussehen kann, finden Sie in Abbildung 11. Auch „Gäste" wie langfristige Praktikanten oder Werkstudenten gehören unter Umständen dazu. Unterschiedliche Hierarchiestufen können Sie – soweit vorhanden – mit verschiedenfarbigen Kreisen kennzeichnen. Als Vorgesetzter sind Sie in der Regel der Leiter des Teams. Personen, die viel zusammenarbeiten, können Sie in räumlicher Nähe zeichnen. Oder Sie gestalten Nähe und Distanz nach anderen Kriterien. Wichtig ist, dass Sie diesem Punkt eine Bedeutung beimessen, denn Sie werden bestimmte Personen nicht rein zufällig nebeneinander anordnen.

Zeichnen Sie jetzt die Beziehungen der einzelnen Menschen zueinander ein. Wählen Sie dafür unterschiedliche Farben und Strichtypen (Pfeile, breite Striche, gestrichelte Linien, Blitze ...), um die Qualität der Beziehungen zu verdeutlichen.

- Wo gibt es Spannungen oder Konflikte?
- Wer ist sich besonders sympathisch und arbeitet sehr gut zusammen?
- Wo gibt es private Kontakte?

Ergänzen Sie zu jedem Mitarbeiter, wie lange er oder sie bereits dazugehört. Auch hieraus lassen sich manchmal interessante Informationen über die Gruppendynamik gewinnen.

Weitere Fragen zur Analyse der Gruppendynamik: Wie funktioniert die Zusammenarbeit? Wie werden Informationen ausgetauscht? Wie wird miteinander kommuniziert?

Erkennen Sie bestimmte Muster in Ihrem Team? Haben Sie Fragen an einzelne Mitarbeiter? Suchen Sie das offene Gespräch um sie zu klären. Wenn Sie nur eine kleine Anzahl an Mitarbeitern haben, können Sie auch versuchen, die Teamdynamik gemeinsam zu erarbeiten. In schwierigeren Situationen empfiehlt sich hierfür jedoch die Unterstützung durch einen erfahrenen Berater und Coach.

3. Organisationsphase oder „norming"

Die Teammitglieder entwickeln neue Umgangsformen und Verhaltensweisen. Es entstehen ein Wir-Gefühl und das Streben nach Harmonie und Konformität. Die eigentliche Arbeit – nicht mehr die Beziehungsklärung – steht jetzt im Vordergrund, für die alle Teammitglieder ihre Unterstützung und ihr Engagement zur Verfügung stellen müssen (Commitment). Qualitätsmaßstäbe werden entwickelt, Prozesse geplant und organisiert, um das Arbeitsergebnis zu verbessern. Dazu gehört auch, dass die Teammitglieder lernen, einander Feedback zu geben und Probleme flexibel und effektiv zu bewältigen.

4. Arbeitsphase oder „performing"

In dieser Phase ist das Team zu einer leistungsfähigen, solidarischen Einheit geworden. Funktionen und Aufgaben im Team sind klar verteilt, die Mitglieder begegnen sich offen, hilfsbereit, vertrauensvoll und partnerschaftlich. Sie identifizieren sich mit der gemeinsamen Aufgabe, die sie flexibel und kreativ angehen. Die Zusammenarbeit ist geprägt durch ein hohes Maß an Selbstorganisation und Freude an der gemeinsamen Arbeit und den gemeinsamen Erfolgen.

Für die ersten beiden Stufen der Teamentwicklung, bei denen die Beziehungsklärung im Vordergrund steht, aber auch im Umgang mit Arbeitsgruppen ist es hilfreich, wenn Sie sich die Dynamik der Zusammenarbeit Ihrer Mitarbeiter bildlich vor Augen führen.

Was können Sie als Führungskraft tun, um die Zusammenarbeit Ihrer Mitarbeiter zu fördern? Der wichtigste Punkt ist, dass Sie den Informationsaustausch und die gegenseitige Wertschätzung fördern. Eine relativ einfache Möglichkeit, die allerdings immer wieder droht, im Alltagsgeschäft unterzugehen, ist ein gemeinsamer, regelmäßiger – beispielsweise wöchentlicher – Jour fixe mit einer festen Tagesordnung und anschließender Nachbereitung in Form eines schriftlichen Protokolls für alle. Das ist der zeitliche und räumliche Rahmen, in dem alle Mitarbeiter zusammenkommen und alle relevanten Projekte, wichtigen Informationen und Probleme auf den Tisch gehören – gönnen Sie sich und Ihren Mitarbeitern diesen Raum. Die Tagesordnung und das Protokoll helfen Ihnen, die Zeit effektiv und effizient zu nutzen.

Und lassen Sie demokratisch über das Ausfallen des Jour fixe entscheiden. Sagen Sie ihn nicht ab, weil Sie meinen oder einer Ihrer Mitarbeiter gesagt hat, dass nichts Wichtiges ansteht. Er ist das Herzstück der Kommunikation in Ihrem Team oder Ihrer Arbeitsgruppe und damit (über-) lebenswichtig.

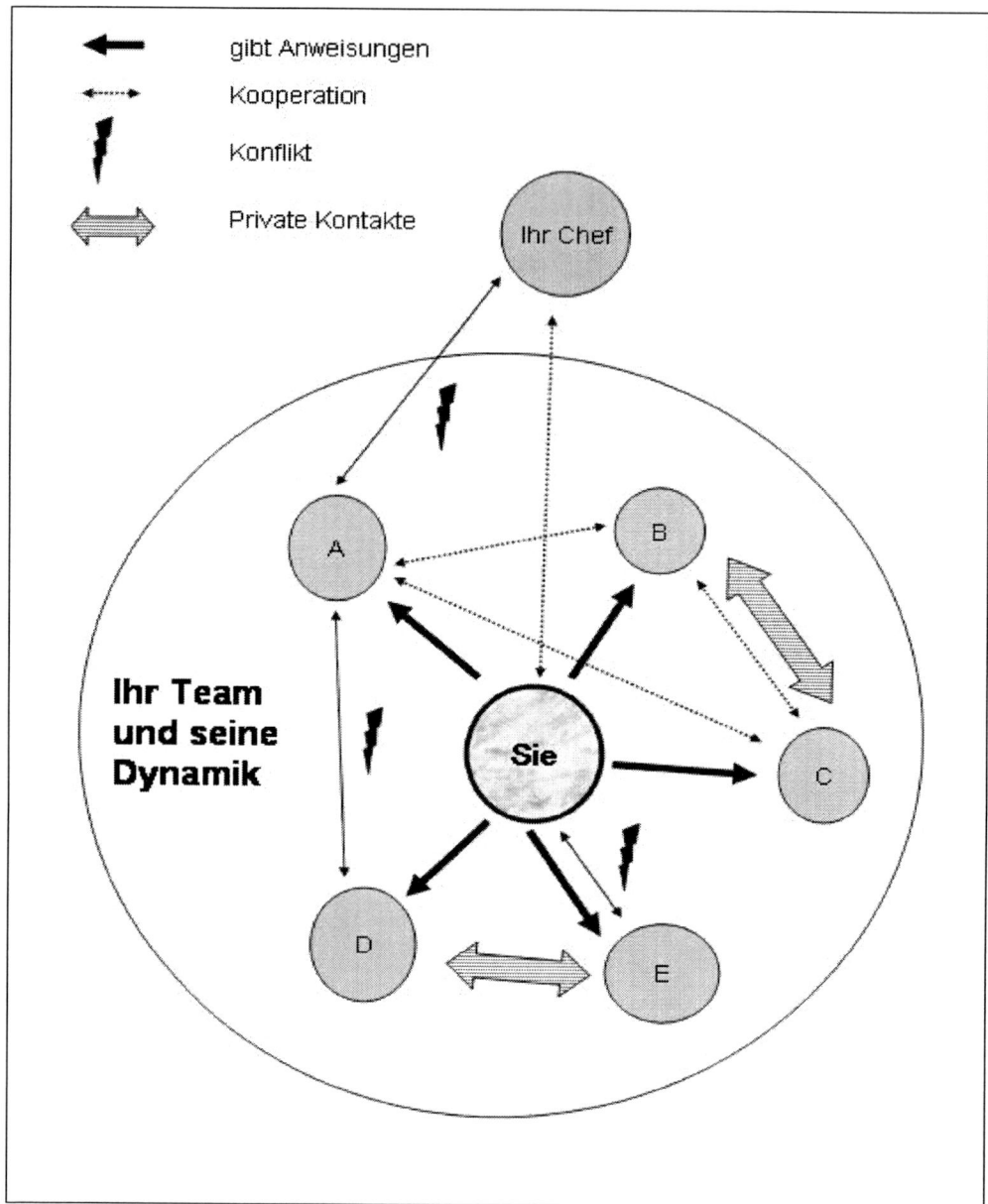

Abbildung 11: Beispiel für Ihr Team und seine Dynamik

4. Führen heißt Perspektiven geben und Potenziale entwickeln

> **Zitat**
>
> *Wenn du ein Schiff bauen willst, so trommle nicht die Männer zusammen, um Holz zu beschaffen, Werkzeuge vorzubereiten und Aufgaben zu vergeben, sondern lehre die Männer die Sehnsucht nach dem endlosen Meer.*
>
> Antoine de Saint-Exupéry

Männer, die die Sehnsucht nach dem endlosen Meer verspüren, verbinden ihre Arbeit mit angenehmen Gefühlen und persönlichen Bedürfnissen. Sie identifizieren sich mit ihrer Tätigkeit, sind bereit, Verantwortung zu übernehmen und nach kreativen Problemlösungen zu suchen. In schwierigen Situationen, beispielsweise heftigen Stürmen, Wassereinbruch oder Krankheiten, stellen sie sich der Herausforderung und geben nicht gleich auf.

Anregungen dazu, wie es Ihnen als Führungskraft gelingen kann, bei Ihren Mitarbeitern die Sehnsucht nach dem großen, weiten Meer zu wecken, finden Sie in dem vorliegenden Kapitel. Eine grundlegende Voraussetzung dafür ist, dass Sie Ihren Mitarbeitern nicht (nur) als Manager begegnen, sondern auch als Leader (siehe Kapitel 1), der Visionen hat und Perspektiven aufzeigen kann.

Es gibt zwei zentrale Fragen, die Sie sich als Führungskraft immer wieder vergegenwärtigen sollten:

1. Wozu statt warum

„Warum" fragt nach den Motiven, die uns prägen und die in der Vergangenheit begründet liegen. Sie drängen uns in eine passiv-reagierende Rolle. „Wozu" fragt nach den Ergebnissen und Wirkungen, die wir prägen. Die Frage nach dem Wozu ist somit auf die Zukunft gerichtet und ermöglicht uns, diese aktiv zu gestalten. Wenn Sie als Führungskraft Ihre Mitarbeiter nach dem Ziel, dem Wozu ihres Tuns fragen, gestehen Sie Ihnen eine proaktive Rolle zu. Ihre Mitarbeiter dürfen mitdenken und -entscheiden, sie dürfen Verantwortung übernehmen und unternehmerisch handeln. Aus Mitarbeitern werden so Mitglieder Ihres Unternehmens. Neben dem Können, also der Leistungsfähigkeit, und dem Wollen Ihrer Mitarbeiter, das heißt ihrer Leistungsbereitschaft, ist ein essentieller Schritt zur Motivation, sie überhaupt zu lassen, ihre Leistungen und Fähigkeiten zuzulassen und deren Entfaltung zu unterstützen. Lassen Sie Ihre Mitarbeiter ihre Potenziale entfesseln, begleiten Sie sie auf ihrem Weg vom Kompetenzen-Sammler zum Potenzial-Entfalter.

2. Was können Sie dafür tun, damit Ihre Mitarbeiter bei ihrer Arbeit noch erfolgreicher werden?

Was sind die Wünsche und Bedürfnisse Ihrer Mitarbeiter? Wie können Sie sie am besten bei ihrer Zielerreichung unterstützen? Vergessen Sie nicht, dass Sie Dienstleister Ihrer Mitarbeiter sind, Sie Ihre Mitarbeiter zu Ihrer eigenen Zielerreichung brauchen und der Erfolg Ihrer Mitarbeiter auch Ihr eigener Erfolg ist. (Wenn Sie Ihre Mitarbeiter als Konkurrenten und Bedrohung erleben, dann ist es für Sie höchste Zeit, Ihr Selbstbild einmal auf den Prüfstand zu stellen – am besten mit professioneller Unterstützung.)

Werden Sie zum Anwalt Ihrer Mitarbeiter: Sorgen Sie dafür, dass sie sich optimal vorbereitet und ausgestattet in ihrem jeweiligen Tätigkeitsgebiet bewegen können, und nehmen Sie sie vor Angriffen in Schutz. Klären Sie die Ursache dieser Angriffe: Handelt es sich dabei um Missverständnisse oder um Revierkämpfe? Sollen Claims abgesteckt werden und diese Machtkämpfe auf dem Rücken Schwächerer ausgetragen werden? Beseitigen Sie die Missverständnisse durch ein offenes Gespräch mit allen Beteiligten, für den zweiten Fall gilt: Mikropolitik ist Ihr Job, nicht der Ihrer Mitarbeiter.

Motivation: Wie Sie Ihre Mitarbeiter am besten fördern können

Fehlende Motivation, Motivationskrise, innere Kündigung – das sind Schlagworte, die seit einiger Zeit in aller Munde sind. Es heißt immer wieder, als Führungskraft sind Sie dafür verantwortlich, dass Sie Ihre Mitarbeiter nicht demotivieren, denn motivieren können Sie sie sowieso nicht. Das ist allerdings nur die halbe Wahrheit.

Natürlich ist Motivation etwas, was aus dem Inneren eines Menschen kommt. Sie können also einen Mitarbeiter nicht zu etwas bewegen oder motivieren, zu dem er nicht bereit ist. Ein gewisses Ausmaß an Eigenmotivation muss also vorhanden sein.

Druck ist nur ein kurzfristiges „Motivationsmittel", das in der Regel das Gegenteil bewirkt, nämlich Demotivierung und Widerstand. Die Kernfrage der Motivation kann ferner nicht lauten: Wie kann ich meine Mitarbeiter dazu bringen, etwas zu tun, was sie gar nicht tun wollen? Hinter dieser Frage steht ein Menschenbild, das davon ausgeht, dass es unser oberstes Ziel ist, unsere Lust zu maximieren, unsere Unlust zu vermeiden, und dass wir grundsätzlich egoistisch handeln um unseren Eigennutz zu erhöhen. Dieses Menschenbild vernachlässigt, dass Entscheidungen auch zugunsten von Verantwortung getroffen werden und dass Menschen danach streben, ihrem Leben – im Privaten wie im Arbeitsbereich – einen Sinn zu geben.

Als Vorgesetzter müssen Sie sich also fragen: Wie kann ich die Sinnfindung und Eigenmotivation meiner Mitarbeiter unterstützen?

Eine von mir durchgeführte Studie zum Thema Wertvorstellungen und Arbeitszufriedenheit konnte aufzeigen, woran es in

Unternehmen am meisten mangelt. Als Ursache für die eigene Motivationskrise gaben die Befragten an, dass es zu wenig

- Erfolgserlebnisse
- Anerkennung und Wertschätzung der eigenen Person und Wertvorstellungen sowie des Geleisteten
- Gestaltungsmöglichkeiten im Sinne von Entscheidungs- und Handlungsspielräumen
- Möglichkeiten, Verantwortung zu übernehmen
- Aufstiegschancen
- Abwechslung bei der Arbeit
- Möglichkeiten der Selbstverwirklichung, beispielsweise durch das Einbringen und Umsetzen von eigenen Ideen
- Teamarbeit und gemeinschaftliche Verbundenheit
- Balance zwischen Arbeit und Privatem
- Geld für die geleistete Arbeit gibt
- und dass die Sinnhaftigkeit der Arbeit nur eingeschränkt erkennbar ist.

Erlauben Sie mir an dieser Stelle einen kurzen Exkurs in die Praxis: Es gibt zwei einfache, keine Kosten verursachende – wenn Sie gerade keine monetären Möglichkeiten haben –, sehr effiziente und effektive Möglichkeiten, wie Sie Ihren Mitarbeitern Ihre Wertschätzung zeigen können:

1. Bedanken Sie sich für die Leistungen Ihrer Mitarbeiter.
2. Geben Sie die Rückmeldungen von zufriedenen Kunden weiter.

Können Sie sich noch daran erinnern, wann Sie das eine oder das andere zum letzten Mal gemacht haben?

Die oben genannten Wertvorstellungen und Bedürfnisse finden sich in den beiden oberen Stufen der Bedürfnispyramide des amerikanischen Psychologen Maslow wieder (siehe Abbildung 12).

Das oberste der Defizitbedürfnisse sind die psychologischen beziehungsweise Wertschätzungsbedürfnisse, das heißt das Streben nach Anerkennung und Wertschätzung, Status, Prestige und Selbstachtung. Sie heißen Defizitbedürfnisse, weil Menschen danach streben, ein unbefriedigtes Bedürfnis zu befriedigen. Ist dieses Bedürfnis einmal gestillt beziehungsweise seine Befriedigung dauerhaft sichergestellt, dann verliert es an Motivationskraft und wird unbedeutend. So sind beispielsweise die physiologischen Bedürfnisse auf der untersten Stufe für viele Menschen unseres Kulturkreises nicht mehr handlungsleitend, weil die meisten von uns über genügend Nahrung, Kleidung und ein Dach über dem Kopf verfügen.

Das Bedürfnis nach Selbstverwirklichung ist das einzige Wachstumsbedürfnis: Ich will zu dem werden, was in mir steckt, und meine eigenen Ideen und (Wert-)Vorstellungen einbringen und umsetzen. Dieses Bedürfnis kann nie gesättigt werden und nimmt von daher eine Sonderstellung ein.

Die Bedürfnisse Ihrer Mitarbeiter sind also ein entscheidender Faktor für ihre Motivation. Welche Themen dabei eine Rolle spielen, konnten Sie bereits der oben angeführten Liste entnehmen. Als nächsten Schritt sollten Sie sich fragen, welche dieser Faktoren Sie beeinflussen können.

Wenn die Arbeit den Vorstellungen Ihrer Mitarbeiter entspricht – Gleiches gilt natürlich auch für Sie –, sie ihre Wünsche erfüllen und entsprechend ihrem persönlichen Leitbild leben und arbeiten können, dann macht ihnen die Arbeit Freude und vermittelt ein Gefühl der Zufriedenheit. Wenn Ihren Mitarbeitern etwas Freude macht und Zufriedenheit verschafft, dann tun sie es gern – selbst wenn einmal Probleme auftreten. Das heißt, die Arbeit wird nur dann mit vollem Engagement betrieben, wenn sie Freude macht und ein Gefühl der Zufriedenheit hervorruft.

Hier geht es also um die Sehnsucht nach dem großen Meer, von der ich anfangs bereits gesprochen habe. Wie können Sie diese Sehnsucht bei Ihren Mitarbeitern nun wecken?

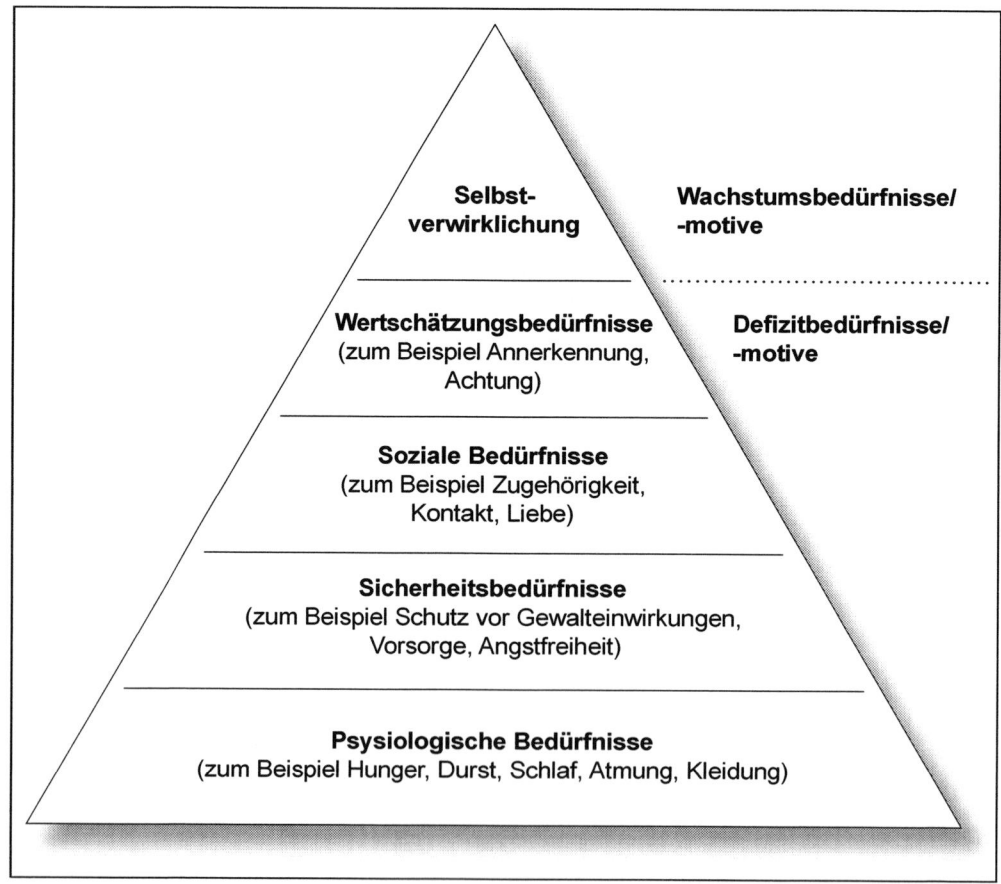

Abbildung 12: Die Bedürfnispyramide von Maslow

Tipps zum Thema Motivation Ihrer Mitarbeiter stärken

Jeder Ihrer Mitarbeiter hat individuelle Bedürfnisse und Erwartungen. Scheren Sie sie nicht alle über einen Kamm, sondern nehmen Sie sich Zeit für persönliche Gespräche. Erfragen Sie die Ziele, Wünsche und Bedürfnisse jedes Einzelnen. Sie sind der Einstieg in die so genannten Mitarbeitergespräche. Klären Sie mit jedem Mitarbeiter individuell, was ihn oder sie motiviert. Erinnern Sie sich dabei an die zweite Führungsfrage vom Anfang dieses Kapitels: Was können Sie als Vorgesetzter tun, damit Ihr Mitarbeiter noch erfolgreicher wird?

Folgende Faktoren spielen für die Arbeitsmotivation eine wichtige Rolle:

- Möglichkeiten der Weiterbildung für Ihre Mitarbeiter – nicht als Belohnung, sondern als unabdingbare Voraussetzung für den zukünftigen Erfolg Ihrer Abteilung

- Herausforderungen und Abwechslung bei der Arbeit

- Karriereperspektiven und Aufstiegschancen

- Die Möglichkeit, Verantwortung zu übernehmen

- Incentives als Zeichen der Anerkennung und Wertschätzung

- Anerkennung und Lob

- Vertrauen, das Sie in Ihre Mitarbeiter setzen. Voraussetzung dafür ist jedoch, dass Sie an andere Menschen glauben und ihnen einen Vertrauensvorschuss gewähren. Seien Sie ein Vorbild, wenn Sie nicht möchten, dass das Klima in Ihrer Abteilung von Misstrauen geprägt ist.

- Die Loyalität Ihrer Mitarbeiter: Loyalität erlangen Sie, wenn Sie Ihre Mitarbeiter fördern, ihnen mit Respekt, Wertschätzung und Vertrauen begegnen.

- Die Solidarität und das Zugehörigkeitsgefühl innerhalb Ihrer Abteilung

- Die Arbeitsbedingungen, wobei sie nur eingeschränkt motivierend wirken: schlechte Arbeitsbedingungen wirken demotivierend, gute Arbeitsbedingungen beseitigen in erster Linie Unzufriedenheit, sorgen aber nicht nachhaltig für Zufriedenheit.

Wie sieht es mit Ihren Gestaltungsmöglichkeiten aus? Im Hinblick auf welche Faktoren sehen Sie einen Verbesserungsbedarf?

Nutzen Sie die Ressourcen Ihrer Mitarbeiter: Wenn Sie mitbekommen, dass einer Ihrer Mitarbeiter mit sehr viel Energie und Zeit in seiner Freizeit Führungsaufgaben in Vereinen übernimmt oder sehr erfolgreich einem kreativen Hobby nachgeht, fragen Sie sich, warum ihm die Anerkennung im Unternehmen versagt bleibt. Was können Sie daran ändern? Überlegen Sie gemeinsam mit dem Mitarbeiter, wie Sie diese wertvollen Ressourcen besser für das Unternehmen nutzen können.

Motivationskrisen und Anzeichen innerer Kündigung sind meistens schon längere Zeit sichtbar, bevor sie sich als Versetzungsgesuch oder Kündigung manifestieren. Haben Sie also ein Auge auf Ihre Mitarbeiter und suchen Sie das offene Gespräch, wenn Ihnen eine freizeitorientierte Schonhaltung oder fehlendes Interesse an der Arbeit auffällt. Wer könnte Ihrer Meinung nach gefährdet sein?

Ein Thema, das ich bereits mehrfach angesprochen habe, ist von zentraler Bedeutung für die Motivation Ihrer Mitarbeiter: die Wertschätzung, die sie von Ihnen erfahren. Dabei geht es zum einen um die Wertschätzung der Person, zum anderen um die Anerkennung und Wertschätzung der Leistungen. Begegnen Sie Ihren Mitarbeitern mit einer positiven Einstellung. Trauen Sie ihnen etwas zu, vertrauen Sie ihnen. Sie wollen und sie können – lassen Sie sie, damit sie Ihnen beweisen können, was in ihnen steckt. Menschen wollen ihrem Leben einen Sinn geben – das gilt auch für Ihre Mitarbeiter. Wenn Sie Ihren Mitarbeitern mit Vertrauen und Respekt begegnen, werden sie sich Ihnen gegenüber ebenso verhalten. Sie kennen sicherlich das alte Sprichwort: Wie man in den Wald hineinruft, so schallt es heraus. Wertschätzung, Akzeptanz, Loyalität, Offenheit und gegenseitiges Vertrauen sind die Säulen von Arbeitsmotivation und -zufriedenheit und die zukünftigen Erfolgsfaktoren von Unternehmen.

Arbeit zu Leistung machen – oder Wie Sie die richtigen Ziele vereinbaren

In Kapitel 1 habe ich eine Definition von Führung gegeben, die auf die gemeinsame Zielerreichung abzielt. Führen durch Ziele ist nicht eine Modeerscheinung, sondern ein sehr wirksames Tool zur Mitarbeitermotivation und -förderung. Führen durch Ziele heißt, gemeinsam für eine effektive Erfüllung des Auftrages des Unternehmens zu sorgen. Voraussetzung hierfür ist jedoch, dass Ihre Mitarbeiter die Unternehmensziele

kennen (siehe Kapitel 2), anerkennen und am selben Strang in die gleiche (!) Richtung ziehen. Ziele sind erforderlich, um Leistung messen zu können. Sie dienen als Richtungsweiser und Orientierungshilfen auf dem zu gehenden Weg und beantworten die Frage, ob Ihre Mitarbeiter – oder Sie selbst – schon ein Stück weitergekommen sind.

Mitarbeitergespräche dienen dem Zweck, dass Sie gemeinsam mit Ihrem Mitarbeiter seine beziehungsweise ihre Ziele definieren und regelmäßig Feedback über seine/ihre Leistungen und die Entwicklungsfortschritte geben. Für diese Gespräche gelten dieselben Regeln wie für Einstellungsgespräche: Vereinbaren Sie Ort und Termin und sorgen Sie für eine störungsfreie Zeit für die Dauer des Gesprächs. Legen Sie Ziele und Agenda des Zielvereinbarungsgesprächs vorab fest. Wichtige zu klärende Punkte sind:

- Welche Ziele sollen zu welchem Zweck erreicht werden? Welche Ziele sind Ihrem Mitarbeiter wichtig?
- Welche Handlungsspielräume gibt es?
- Welche Termine müssen eingehalten werden? Wann soll ein Projekt beendet werden?
- Wann und wie sollen Fortschritte überprüft werden?
- Wer kann Ihren Mitarbeiter wie unterstützen?

Vereinbaren Sie nur möglichst wenige Ziele. Empfehlenswert sind zwei oder drei Standardziele, die dem Erhalt des laufenden Geschäfts und des Arbeitsplatzes Ihres Mitarbeiters dienen. Diese Art von Zielen ist nicht verhandelbar und thematisiert den Umgang mit Mängeln, Problemen und Konflikten. Beispiele können beschleunigte Arbeitsprozesse (zwei statt drei Tage) oder die Einhaltung bestimmter Sicherheitsvorgaben sein. Zu den Standardzielen kommen je ein Innovationsziel, das das unternehmerische Denken des Mitarbeiters fördert und Ideale, Träume und Visionen beinhaltet, und ein Entwicklungsziel, das persönliche Ziele des Mitarbeiters und seine persönliche Entfaltung fokussiert. Beispiele hierfür sind Weiterbildungen, die Vertiefung vorhandener Kenntnisse und die Optimierung von Fertigkeiten. Zielvereinbarungen werden schriftlich festgehalten, von beiden Seiten unterschrieben und dienen als Grundlage für das nächste Zielvereinbarungsgespräch.

Tipps zum Thema Zielvereinbarungen

Zielvereinbarungen sind Verhandlungssache. Sie erfordern Zeit, Geduld und kommunikatives Geschick. Nehmen Sie sich bereits im Vorfeld Zeit für die Planung von sinnvollen und realistischen Zielen.

Zielvereinbarungen finden in zwei Spannungsfeldern statt:

1. Sie wollen mit Ihrem Mitarbeiter zu einem konstruktiven und zufrieden stellenden Ergebnis kommen, bei dem Sie sich auf für sie oder ihn herausfordernde Ziele einigen. Diese Ziele bewegen sich jedoch in einem sehr engen Vereinbarungskorridor, der durch die Unternehmensziele vorgegeben ist. Ihr Mitarbeiter hat also nur bedingt Gestaltungsspielräume.

2. Beide Seiten wollen die andere von ihrem Standpunkt überzeugen: Sie werden als Führungskraft die Ziele tendenziell eher zu hoch ansetzen, weil Sie aufgrund Ihrer Position eventuell über mehr Informationen verfügen oder manches einfacher regeln können, Ihr Mitarbeiter wird sie eher zu niedrig ansetzen, weil er das Alltagsgeschäft besser kennt und einschätzen kann, welche Störungen und unvorhergesehenen Entwicklungen seine Planungen durcheinander bringen können.

Zielvereinbarungen erfordern von Ihnen kommunikatives Geschick, weil es an Ihnen ist, in diesen Spannungsfeldern mit Ihrem Mitarbeiter zu einer gemeinsamen Lösung zu kommen, zu der Sie beide Ja sagen können. Darüber hinaus benötigen Sie ein sensibles Gespür für den Umgang mit Macht, Ihr Mitarbeiter ein grundsätzliches Commitment in Bezug auf das Unternehmen und Sie beide Konfliktfähigkeit.

- Einigen Sie sich mit Ihrem Mitarbeiter auf ein Ziel, überlassen Sie ihm dann die Wahl des richtigen Weges (siehe auch Thema Delegation, Kapitel 1). Vertrauen Sie auf seine oder ihre Potenziale und Kompetenzen!

- Konzentrieren Sie sich auf die Interessen, nicht auf die Positionen. Fragen Sie nach dem Anliegen Ihres Mitarbeiters, anstatt seinen Standpunkt direkt anzugreifen. Suchen Sie nach gemeinsamen Werten, Bedürfnissen und Interessen, die möglicherweise hinter Ihren unterschiedlichen Standpunkten stehen.

- Schaffen Sie eine Win-Win-Situation, indem Sie nach Alternativen suchen, die für beide Seiten Vorteile bringen. Dafür müssen Sie sich allerdings Zeit nehmen, um Vorschläge zu sammeln, zu bewerten und unter Umständen Teilziele zu definieren.

- Einigen Sie sich auf objektive Beurteilungskriterien. Planen Sie Korrekturmöglichkeiten für den Notfall ein und bestimmen Sie gemeinsam die Kriterien für die Zielerreichung. Zielvereinbarungen sind keine Bühne für Machtspiele (auch wenn das im Alltag bisweilen vorkommt) – sie sind ein wichtiges Aushängeschild für die Unternehmenskultur, die Sie mitgestalten.

Eine große Herausforderung liegt in der Formulierung von Zielen. Dabei gibt es bestimmte Punkte, die Sie unbedingt beachten sollten. Sie erleichtern den Zielformulierungsprozess und die Überprüfung der Zielerreichung erheblich und führen zu einer Entspannung auf beiden Seiten: sowohl bei Ihnen als auch bei Ihrem Mitarbeiter.

■ Verwenden Sie keine unklaren oder mehrdeutigen Worte (angemessen, zusätzlich, deutlich, erheblich) oder Komparative (höher, mehr, länger, kürzer). Damit können Sie selbst die Erreichung von quantifizierbaren Zielen unmessbar machen. Greifen Sie stattdessen auf absolute Messziffern zurück: €, Stück, Kunden. Bei Prozentangaben müssen Sie die Vergleichsgrundlage nennen: wie viel Prozent wovon?

■ Beschreiben Sie bei qualitativen Zielen den gewünschten Zielzustand möglichst konkret. Das Ziel ist erreicht, wenn 1., 2. und 3. zu einem bestimmten Zeitpunkt eingetreten sind. Nennen Sie Teilschritte, die erfüllt sein müssen.

■ Wandeln Sie komplexe Ziele in Teilziele um und beschreiben Sie diese mit möglichst konkreten Beispielen oder Verhaltensweisen.

■ Planen Sie bei neuen Aufgaben mehr Zeit ein, als Sie eigentlich vorhaben. Das gilt insbesondere dann, wenn Sie über keine Erfahrungswerte für den zeitlichen Aufwand verfügen.

■ Setzen Sie bei Zielkonflikten Prioritäten oder suchen Sie nach Kompromissen. Orientieren Sie sich dabei an den obersten Unternehmenszielen. Bisweilen müssen Sie auch auf ein Ziel verzichten, wenn Kompromisse nicht möglich sind.

■ Bei sehr innovativen und komplexen Themen kann es schwierig sein, Ziele zu definieren. Beschreiben Sie stattdessen Ihre Erwartungen an einen wünschenswerten Zielzustand. Wie sieht der Idealzustand aus? Möglicherweise können Sie auf diesem Weg das Ziel einkreisen und auf den Punkt bringen.

Nach der Zielvereinbarung ist es jetzt Ihre Aufgabe als Führungskraft, die Tätigkeit Ihres Mitarbeiters zu beobachten und zu begleiten. Lassen Sie sich regelmäßig über den Projektverlauf informieren und greifen Sie nur im Notfall ein. Die beste Unterstützung und Motivation Ihres Mitarbeiters bieten Sie ihm, wenn Sie ihm den Weg freiräumen und ihn einfach arbeiten lassen.

Gemäß dem Motto „Vertrauen ist gut, Kontrolle gehört dazu" sollten Sie mit Ihrem Mitarbeiter in einem regelmäßigen Jour fixe den aktuellen Stand des Projektes klären und bewerten, aufgetretene Probleme und Konflikte offen legen und Lösungswege finden sowie die weitere Verantwortung klären. Ihr Mitarbeiter legt dabei Rechenschaft über sein bisheriges Tun ab, was nichts anderes heißt, als dass er die Verantwortung für die bisherige Zielerreichung übernimmt – genauso wie es Kapitalgesellschaften mit ihren Jahresberichten tun. Ein Mitarbeiter, der es ablehnt, Rechenschaft über sein Tun abzulegen, ist auch nicht bereit, Verantwortung zu übernehmen. Rechenschaft und Verantwortung beziehungsweise Kontrolle und Vertrauen sind die zwei Seiten einer Medaille.

Wie Ihr Mitarbeiter die Kontrolle erlebt, liegt an Ihnen: Sie wirkt motivierend, wenn Sie Ihrem Mitarbeiter alle wichtigen Informationen zur Verfügung stellen, ihm Ihre Gedanken und Ideen mitteilen, sich für seine Ziele interessieren, ihn bei deren Erreichung unterstützen und sich gemeinsam über seine Erfolge freuen. Kurzum, wenn Sie ihn als Partner behandeln.

Ihre Kontrolle wirkt alles andere als motivierend und Ihre Zielüberprüfungsgespräche werden sich als unangenehm erweisen, wenn Sie Ihren Mitarbeiter als Bedrohung und Konkurrenz erleben, ihm Informationen vorenthalten, Ihre Überlegenheit demonstrieren und nur Ihren eigenen Zielen hohe Priorität einräumen. Ihr Mitarbeiter wird spüren, dass Sie ihm nicht vertrauen und ihn nicht unterstützen. Letztendlich führen Sie den Gedanken des Führens mit Zielen durch Ihr Verhalten ad absurdum.

Tipps zum Thema Beurteilung der Zielerreichung

Auf folgende Fragen sollten Sie gemeinsam mit Ihrem Mitarbeiter bei der Auswertung und Beurteilung der Zielerreichung Antworten finden:

Welche Ziele wurden bis zum aktuellen Zeitpunkt erreicht? Welche wurden nicht erreicht?

Wie sind die bisherigen Ergebnisse zu bewerten?

Was hat zu Erfolg geführt? Was zu Misserfolg?

Was können wir beim nächsten Mal besser machen?

Bei Abweichungen vom gewünschten Ziel sind folgende Fragen, die Sie sicherlich aus strategischen Planungsprozessen und dem Projektmanagement kennen, von Bedeutung:

Was hat zu der Zielabweichung geführt? Was ist das Problem? Wie ist es entstanden

Wie sieht der Zielzustand aus? Wie kann er noch erreicht werden? Oder ist jetzt eine andere Lösung als Ziel wünschenswert oder erforderlich?

Was gibt es für alternative Lösungsmöglichkeiten? Was sind die Vorteile jeder Alternative? Was die Nachteile? Was für Widerstände und Schwierigkeiten sind denkbar? Wie können sie überwunden werden?

Wie sind Sie in der Vergangenheit mit vergleichbaren Problemen umgegangen? Gibt es Parallelen? Welche Erfahrungen können Sie übertragen?

Für welche Lösungsmöglichkeit wollen Sie sich entscheiden?

Wie sieht Ihr neuer Aktionsplan aus? Wer tut was bis wann wozu?

Ihr kommunikatives Geschick und Einfühlungsvermögen sind wieder gefragt, wenn es um die Analyse der Ursachen von Zielabweichungen geht. Beharren Sie nicht auf Ihrem Standpunkt und vermeiden Sie Schuldzuweisungen – auch wenn Sie davon überzeugt sind, dass sie zutreffen.

Behandeln Sie Ihren Mitarbeiter fair und suchen Sie gemeinsam nach den Ursachen der Abweichung. Hören Sie sich zunächst die Meinung Ihres Mitarbeiters an und gestehen Sie ihm zu, dass er externe Einflüsse, wie fehlende Ressourcen, mangelnde Unterstützung oder ungünstige Rahmenbedingungen, als Ursachen anführt. Bringen Sie erst danach Ihre Sicht der Dinge und die Person Ihres Mitarbeiters ins Spiel. Eine konstruktive Problemlösung erreichen Sie nur, wenn Sie sich auf ein „und" von externen und internen, also in der Person Ihres Mitarbeiters begründeten, Faktoren einigen, die für die Zielabweichung verantwortlich sind. Mit einem „oder" und Schuldzuweisungen bewirken Sie einen lähmenden Stillstand, mit dem auch Ihnen als Führungskraft nicht geholfen ist (selbst wenn Sie von Ihrer Position überzeugt sind): das Ziel wird dann erst recht in weite Ferne rücken.

Führungskraft als Coach

Bisher waren Sie vielleicht der Meinung, Führungskraft zu sein, heißt, Anweisungen zu geben und zu delegieren. Wenn Sie motivierte und ambitionierte Mitarbeiter haben wollen, die auch bereit sind, Verantwortung zu übernehmen, kommt eine neue Aufgabe auf Sie zu: Sie werden zum Coach Ihrer Mit-

arbeiter. Dieses neue Rollenverständnis ist erforderlich, damit aus der Arbeit Ihrer Mitarbeiter Leistung werden kann. Ihre Bemühungen werden sich lohnen, da sie zu einem besseren Klima in Ihrer Abteilung führen und sich auch unter betriebswirtschaftlichen Aspekten auszahlen (geringere Fehlzeiten, effektivere und effizientere Prozesse, zufriedenere Kunden).

Wenn Ihre Mitarbeiter über klare Wertvorstellungen verfügen und wertebezogen handeln, sind sie berechenbarer und genießen von Kollegen, Ihnen als Vorgesetztem und Ihren Kunden mehr Vertrauen. Sie arbeiten effizienter und sind letztendlich beruflich erfolgreicher. Eine Investition in Ihre Mitarbeiter – sei es in Form von Ihrer Zeit oder in Form von Ressourcen – ist also keine Verschwendung oder Belastung, sondern eine Investition in die Leistungsträger Ihres Unternehmens und damit in dessen Zukunft.

Tipps zum Thema Führungskraft als Coach

Klären Sie, inwieweit Ihre Mitarbeiter ihre persönlichen Ziele und Werte in Ihr Unternehmen einbringen können. Können sie sich mit dem Auftrag und den Werten des Unternehmens identifizieren? Welche Erwartungen haben sie? Wo sehen sie Möglichkeiten, an der Gestaltung der gemeinsamen Ziele und Visionen mitzuwirken?

Diskutieren Sie mit Ihren Mitarbeitern Unternehmenspolitik und -leitbild, Strategie und Unternehmensauftrag. Kontroverse Diskussionen sind letztendlich die Voraussetzung für ein Commitment. Das Ja zum Unternehmen brauchen Sie, damit Ihre Mitarbeiter sich innerhalb des vorgegebenen Zielkorridors ausrichten und bereit sind, die Unternehmensinteressen mit hohem Engagement zu erfüllen.

Ihre Mitarbeiter haben vielleicht negative Gefühle und Einstellungen gegenüber Ihrem Unternehmen. Ermöglichen Sie ihnen, diese in offenen und vertrauensvollen Gesprächen zu äußern, und regen Sie sie anschließend zu einer Neubewertung an.

Stimmen Sie die Aufgabenanforderungen und die Kompetenzen und Potenziale Ihrer Mitarbeiter möglichst gut aufeinander ab. Ermöglichen Sie ihnen, ihre Potenziale zu entfesseln. Erarbeiten Sie mit Ihren Mitarbeitern Situationen, in denen sie in einem Zustand höchster Konzentration und Motivation selbstvergessen in ihrer Tätigkeit aufgehen können. Diese Flow-Erlebnisse – in Abwechslung mit Phasen des Reflektierens und der Überprüfung der Zielerreichung – sind der Grundstein für eine tiefe Arbeitszufriedenheit

5. Vorgesetzte und Kollegen – Freund oder Feind?

Ihre Beförderung zum Vorgesetzten zieht eine Reihe von offenen Fragen und Veränderungen auf verschiedenen Ebenen nach sich: Natürlich sind Sie mit einer ganz neuen Situation konfrontiert, zumal es sich ja um Ihre erste Aufgabe als Führungskraft handelt. Aber auch Ihre Mitarbeiter, Ihre neuen Kollegen und Ihr Vorgesetzter werden sich fragen: Wer und vor allem wie ist denn der beziehungsweise die Neue? In diesem Kapitel möchte ich auf die beiden zuletzt genannten Personenkreise eingehen: Ihre Kollegen und Ihren Vorgesetzten.

Unabhängig davon, ob Sie in eine ganz neue Abteilung kommen oder innerhalb Ihrer alten Abteilung aufsteigen und Ihre „neuen" Kollegen und Ihren Vorgesetzten bereits kennen, gibt es bestimmte – sehr emotionale – Themen, mit denen Sie konfrontiert werden. Dabei geht es vor allem um Macht, Reviererhalt und den Umgang mit Veränderungen: Sie besetzen voller Ideen und Tatendrang Ihre neue Stelle, wollen Ihre Vorstellungen natürlich auch verwirklichen und manches verändern, um zu zeigen, dass Sie genau der Richtige für diese Stelle sind. Es liegt in der Natur der Sache, dass Sie erst einmal nicht wissen, wo Ihre „Grenzen" sind, das heißt die Grenzen Ihres Reviers und Ihrer Zuständigkeiten – was Sie vermutlich sehr schnell zu spüren bekommen. Ihre Kollegen und Ihr Chef werden Ihr Treiben mit Argusaugen beobachten und sich Ihnen entgegenstellen, wenn Sie in ihre Territorien eindringen. Vielleicht gibt es unter Ihren Kollegen auch einige, die die neue Situation als gute Chance sehen, Expansionspolitik zu betreiben und ihre Claims neu abzustecken.

Sie merken, die Wortwahl ist bereits sehr auf Kampf und Konfrontation ausgerichtet. Daraus lässt sich schließen, dass die Situation, in die Sie sich begeben, in einem deutlichen Spannungsfeld liegt. Ob es aber tatsächlich zum „Krieg" kommt und Ihre Kollegen und Ihr Vorgesetzter zu Ihren Feinden werden, können Sie in großem Ausmaß beeinflussen. Natürlich geht es auch um Fragen von Macht, Status und die Neuordnung von Kompetenzen und Zuständigkeiten, allerdings sollte bei alledem die Mitarbeiter- und Kundenorientierung im Vordergrund stehen. Revierkämpfe dienen niemandem – auch egoistische Bedürfnisse können sie nur kurzzeitig befriedigen, denn der fortwährende Kampf um den Reviererhalt verschlingt viel Energie: Der Feind kann überall lauern. Am meisten leiden unter Machtkämpfen die Effektivität der Arbeit, die Motivation der Mitarbeiter, das Betriebsklima und schließlich Ihre Kunden.

Also: Suchen Sie mit Ihren Kollegen beziehungsweise Ihrem Vorgesetzten das offene Gespräch und konzentrieren Sie sich auf Ihre gemeinsamen Interessen, nicht auf Unterschiede und Positionen. Diese Empfehlung gilt nicht nur für Zielvereinbarungsgespräche (Kapitel 4), sondern ist eine wertvolle Empfehlung für jegliche Art von Gesprächen und Themen – auch im privaten Bereich.

Ihr neuer Chef – und wie Sie ihn führen können

Neben Ihren Mitarbeitern spielt Ihr neuer Chef gerade in der Anfangsphase Ihrer Tätigkeit eine sehr wichtige Rolle für Sie. Optimalerweise hat er Ihr Kommen in Ihrem neuen Team vorbereitet, er stellt Sie Ihren neuen Mitarbeitern und Kollegen vor, gibt Ihnen eine erste Einführung in Ihre Aufgaben und in die anstehenden Prozesse (die Realität sieht allerdings manchmal anders aus). Falls er Ihnen nicht genau sagt, wie Sie ihm Bericht erstatten sollen: Fragen Sie nach. Suchen Sie bei allen Unklarheiten das offene Gespräch. Eine Aufgabe Ihres Vorgesetzten ist es, Ihnen Fragen zu beantworten, die Ihnen helfen Ihre Arbeit besser zu erledigen – erst recht, wenn Sie eine ganz neue Tätigkeit übernehmen. (Auch seine Führungsfrage lautet: Was kann ich tun, damit meine Mitarbeiter bei ihrer Arbeit noch erfolgreicher werden?) Von Ihrem Chef sollten Sie auch erfahren, wann was mit wem läuft. Möglicherweise steht Ihnen dabei auch Ihr Vorgänger oder Ihre neue Teamassistentin zur Seite. Ideal ist es, wenn Ihr Vorgesetzter Ihnen gegenüber eine Mentorenfunktion übernimmt: Er ist dann Ihre Vertrauensperson und Ansprechpartner für Ihre beruflichen Anliegen, Führungsfragen und für Ihre eigene Förderung. Je nach Situation kann es auch sinnvoll sein, dass Sie sich eine andere vertrauensvolle Person als „informellen" Mentor suchen: Ihren früheren Vorgesetzten oder eine andere Person, die schon lange in Ihrem Unternehmen arbeitet, sich dort gut auskennt und über viel Führungserfahrung verfügt.

Doch zurück zu Ihrem neuen Chef: Wenn Sie Ihren Vorgesetzten in Ihrem Sinne beeinflussen möchten (nicht manipulieren), das heißt ihn von Ihren Ideen überzeugen und zu deren Unterstützung bringen wollen, müssen Sie zunächst einmal Ihre Ziele genau kennen (Kapitel 1) und Vertrauen in Ihre Überzeugungsfähigkeit haben.

Menschen lassen sich vor allem durch Vorteile überzeugen – das kennen Sie sicherlich auch aus Ihrer eigenen Erfahrung. Also: Was für Vorteile hat Ihr Chef von Ihren Ideen? Bringen sie ihn seiner Zielerreichung näher? Da liegt Ihre Chance: Nicht nur Sie brauchen Ihren Vorgesetzten, sondern er ist auch auf Sie angewiesen, um seine Aufgaben und Ziele zu erreichen. Auch wenn er im Zweifelsfall am längeren Hebel sitzt, hat er dennoch ein Interesse an einer effektiven und effizienten Zusammenarbeit mit Ihnen. (Den Kampf wollten Sie ja meiden, er ist wenig effektiv und führt nur zu (Gesichts-)Verlusten.)

Tipps zum Thema Führung von unten

Machen Sie sich ein Bild von Ihrem Chef. Nehmen Sie sich Zeit dafür, Antworten auf folgende Fragen zu finden:

Wer ist Ihr Chef? Was hat er für Qualifikationen und Kompetenzen? Wo vermuten Sie seine Potenziale?

Was macht er gern?

Was befürwortet er? Was sind seine Lieblingsthemen?

Wie kommuniziert er?

Was ist sein Arbeitsstil?

Was lehnt er ab?

Was verärgert ihn? Wie können Sie ihn verärgern?

Führung von unten heißt, dass Sie sich auf die Bedürfnisse, Wünsche und Erwartungen Ihres Chefs einstellen und diese bei Ihrem Vorgehen berücksichtigen.

Das bedeutet allerdings nicht, dass Sie sich bei Ihrem Chef „einschleimen", ihm von nun an alles recht machen und Ihre eigenen Interessen aufgeben sollen. Allerdings hilft es Ihnen, wenn Sie nach gemeinsamen Interessen und Wertvorstellungen suchen anstatt nur nach Unterschieden und dem, was Sie trennt. Führung von unten heißt auch, dass Sie Dinge vermeiden, die Ihren Chef verärgern, vor allem wenn Sie die Wahl haben, sie ihm auch in „seiner" Sprache zu verdeutlichen. (Es kann allerdings auch Gespräche geben, bei denen Sie nicht umhin kommen, Ihren Vorgesetzten zu verärgern, insbesondere wenn er seine eigenen Führungsaufgaben nicht verantwortungsvoll wahrnimmt.)

Führung von unten heißt, dass Sie Ihrem Vorgesetzten auf seiner Sonnenseite begegnen, also seinen bevorzugten Kommunikations- und Arbeitsstil, seine Lieblingsthemen und seine Vorlieben berücksichtigen, ohne dabei Ihre eigenen Vorstellungen zu vernachlässigen. Begleiten Sie ihn ein Stück auf seiner Sonnenseite. Wenn Sie in Bezug auf das „Wie", also die Art der Beziehungsgestaltung, Ihrem Chef entgegenkommen, werden Sie merken, dass es viel leichter ist, in Bezug auf das „Was", das heißt die Inhalte, eine Einigung herbeizuführen und gemeinsam an einem Strang (in die gleiche Richtung!) zu ziehen. Probieren Sie es aus! Sie werden merken, dass Ihnen dabei keine Zacke aus der Krone bricht und Sie Ihre eingesparte Energie effektiver einsetzen können.

(Führung von unten ist übrigens nicht nur ein hilfreiches Vorgehen im Umgang mit Vorgesetzten, sondern auch mit Ihren Kollegen. Und der eine oder andere Ihrer Mitarbeiter kennt dieses Prinzip sicherlich auch.)

Zeigen Sie Ihrem Vorgesetzten, dass Sie in der Lage sind, Herausforderungen anzunehmen und Verantwortung zu tragen. Überzeugen Sie ihn durch Ihr gutes Urteilsvermögen, Ihre Visionen und die erfolgreiche Bewältigung Ihrer Aufgaben. So gewinnen Sie auf der inhaltlichen Ebene an Einfluss und werden zu einem wichtigen Gesprächspartner für Ihren Chef.

Ein weiterer zentraler Punkt ist, dass Sie Ihrem Vorgesetzten gegenüber Loyalität demonstrieren. Zeigen Sie – auch in Auseinandersetzungen mit Dritten, dass Sie hinter ihm stehen und ihn unterstützen. Beziehen Sie Stellung und verteidigen Sie ihn. Persönliche Differenzen haben an dieser Stelle nichts zu suchen. Klären Sie sie im vertraulichen Gespräch unter vier Augen – Gleiches gilt bei den Mitarbeitergesprächen in Bezug auf Meinungsverschiedenheiten und Tadel (Kapitel 3). Auch wenn es darum geht, Informationen von Ihrem Vorgesetzten an Ihre Mitarbeiter weiterzugeben, sollten Sie sich das Thema Loyalität vor Augen führen: Sie sind nicht nur der Nachrichtenvermittler, sondern gleichzeitig auch das Sprachrohr Ihres Vorgesetzten und letztendlich auch der Unternehmensleitung.

Bedenken Sie: Wenn Sie mit einem Finger auf andere deuten, zeigen gleichzeitig drei Finger auf Sie. Übertragen auf die Kommunikation bedeutet es: Ihre Kritik sagt dreimal mehr über Sie selbst aus als über den, den Sie angreifen. Damit ist natürlich nicht gemeint, dass Sie jetzt alle Menschen nur noch positiv sehen und loben sollen, damit Ihre Mitmen-

schen ein entsprechend positives Bild von Ihnen haben. Manchmal ist es allerdings förderlicher im Sinne des Sprichwortes „Reden ist Silber, Schweigen ist Gold" zu handeln, anstatt negative Worte zu verlieren. Und Sie wissen ja aus Kapitel 3: Man kann nicht nicht kommunizieren.

Zwei Aspekte sind die Bausteine für Loyalität: Wertschätzung und Respekt. Zeigen Sie sie Ihrem Chef gegenüber. Genau wie Sie und Ihre Mitarbeiter hat er entsprechende Bedürfnisse und Wünsche. Inwieweit Sie ihm Anerkennung und Lob für seine Leistungen zeigen dürfen, ist eine Frage der Unternehmenskultur und der Persönlichkeit Ihres Vorgesetzten. Finden Sie es heraus. Auch das kann – vorausgesetzt, es ist ehrlich gemeint – ein wichtiger Schlüssel zu einer sehr fruchtbaren Beziehung sein.

Suchen Sie sich Sparringspartner: Ihre Kollegen

Der Begriff Sparringspartner kommt aus dem Englischen und bezeichnet einen Trainingspartner beim Boxen. Bestimmt kennen Sie die Aussage, dass an der Unternehmensspitze die Luft am dünnsten ist. Vermutlich sind Sie mit Ihrer ersten Führungsaufgabe noch nicht direkt im Topmanagement gelandet, doch auch für Sie stellt sich jetzt die Frage, mit wem Sie sich austauschen und „trainieren" können. Suchen Sie sich dafür Sparringspartner. Natürlich nicht um Ihre Revierkämpfe im Boxring auszutragen, sondern um sich in Bezug auf Ihre Führungsaufgaben auszutauschen. Den (Un-)Sinn von

Machtkämpfen habe ich im Verlauf dieses Kapitels bereits angesprochen.

Sparringspartner brauchen Sie für eine Aussprache über Ihre Sorgen, Nöte und Wünsche und zum Erfahrungsaustausch. Suchen Sie sich Kollegen mit Führungserfahrung, die Ihre Schwierigkeiten aus eigener Erfahrung nachvollziehen und teilen können. Mit der Mitarbeiterin, die regelmäßig zu spät kommt. Mit dem Mitarbeiter, der immer sein eigenes Ding durchziehen will. Mit dem anderen Mitarbeiter, der schon mehrfach Ihre Teamassistentin herumkommandiert hat und einfach nicht begreift, dass das keine Art ist. Und mit dem Chef, der immer in letzter Sekunde mit Sonderwünschen kommt. Diese Liste ließe sich beliebig fortsetzen.

Sparringspartner dienen natürlich nicht zum kollektiven Herumjammern über den harten und einsamen Job einer Führungskraft, sondern zur Stärkung und besseren Vorbereitung auf die zukünftigen Herausforderungen: Ein vertrauensvolles Gespräch unter Kollegen gibt Ihnen das Gefühl der Solidarität und die Gewissheit, dass Sie mit Ihren Sorgen und Schwierigkeiten nicht allein dastehen. Und dass die Ursache für die Probleme nicht immer bei Ihnen liegen muss. Vielleicht bekommen Sie auch ein paar wertvolle Tipps zur Problemlösung.

Sehr erfahrene Führungskräfte werden sich an ihre Anfangsschwierigkeiten vermutlich nicht mehr erinnern oder sie eher herabspielen, von daher sind sie nur bedingt zum Erfahrungsaustausch geeignet. Sie eignen sich eher als Mentor. Kollegiale Gesprächspartner aus anderen Branchen und Unternehmen finden Sie auch bei Seminaren und Veranstaltungen für Nachwuchsführungskräfte oder in Netzwerken.

Ganz gleich, ob es um Erfahrungsaustausch oder projektbezogene Kooperation geht: Für den Umgang mit Ihren Kollegen und Kolleginnen gelten die gleichen Regeln wie für Ihre Mitarbeiter und Ihren Vorgesetzten. Wenn Sie ihnen mit Wertschätzung, Respekt, ehrlichem Interesse und Offenheit begegnen und bereit sind, ihnen zuzuhören, nach gemeinsamen Wertvorstellungen zu suchen und sich auf sie einzulassen, werden Sie ebenso behandelt werden (Ausnahmen bestätigen natürlich die Regel). Strahlen Sie Misstrauen, Neid und Feindseligkeit aus, dann werden Sie keine Basis für eine effektive und effiziente Zusammenarbeit finden.

Lassen Sie sich von Ihren Kollegen überraschen – Sie haben es in der Hand.

6. Zusammenfassung und Empfehlungen

Auf den vorangegangenen Seiten habe ich Ihre neue Rolle als Führungskraft unter verschiedenen Gesichtspunkten beleuchtet: was für Sie persönlich wichtig ist, für Ihre Mitarbeiter, Ihr Unternehmen, Ihren Vorgesetzten und Ihre Kollegen. Sie haben viele Anregungen und Handlungsempfehlungen bekommen, wie Sie sich zu einer guten Führungskraft entwickeln können.

Es gibt dabei zwei zentrale Themen, die ich abschließend noch einmal ansprechen möchte: die Wertschätzung, die Sie den Menschen in Ihrem Arbeitsumfeld entgegen- bringen, und Ihre positive Einstellung zu Ihrer Führungsaufgabe.

Wertschätzung und Anerkennung
Wertschätzung und Anerkennung sind fundamentale Faktoren der Mitarbeitermotivation, sie werden allerdings – wie zahlreiche Studien inzwischen gezeigt haben – in vielen Unternehmen sträflich vernachlässigt. Es liegt in Ihrer Hand, daran etwas zu ändern und es in diesem Fall wirklich besser zu machen. Vertrauen Sie Ihren Mitarbeitern – Gleiches gilt für Ihre Kollegen und Ihren Vorgesetzten – und zeigen Sie es Ihnen. Jeder Einzelne von Ihnen – Sie eingeschlossen – hat bestimmte Wertvorstellungen und ist bestrebt, diese zu verwirklichen und seinem Arbeitsleben einen Sinn zu geben.

Begegnen Sie den Menschen in Ihrem Arbeitsumfeld mit Offenheit und Neugier, suchen Sie nach gemeinsamen Interessen und lassen Sie sich auf die Bedürfnisse, Wünsche und Ziele der anderen ein. Versetzen Sie sich in die Position Ihrer Mitarbeiter, Ihrer Kollegen oder Ihres Chefs – wie würden Sie sich in ihrer Lage fühlen und verhalten? Betrachten Sie auch mal die Kehrseite der Medaille.

Fördern und fordern Sie Ihre Mitarbeiter und Kollegen, fragen Sie sie nach ihrer Meinung und beziehen Sie sie in Ihre Überlegungen ein. Als Einzelkämpfer werden Sie keine Ziele mehr erreichen können, mit einer optimistischen, positiven Einstellung (damit meine ich nicht Schönfärberei) gegenüber den Menschen in Ihrem Arbeitsumfeld und dem Wunsch zu einer fairen Kooperation wird es Ihnen jedoch gelingen, Ihre Arbeit ohne übermäßige Reibungsverluste effektiv und effizient zu gestalten. Sie werden bald merken, dass Ihre Wertschätzung und positive Einstellung auf Sie zurückstrahlt. Lassen Sie sich von der Kreativität und den Potenzialen, die in Ihren Mitarbeitern, Kollegen und Vorgesetzten schlummern, überraschen – gemäß dem Motto: Hinter jeder Ecke lauern ein paar Richtungen.

Offenheit bedeutet Offenheit für das, was passiert, also auch für die negativen Leistungen und Fehler. Vermeiden Sie Perfektionismus – er ruft nur Aggressionen hervor –, reagieren Sie tolerant auf die Fehler anderer und zeigen Sie Verständnis. Die Suche nach den Ursachen der Fehler hilft allen weiter, nicht Schuldzuweisungen. Dann ist es möglich, ohne Angst mit Fehlern und Versäumnissen umzugehen und aus ihnen zu lernen. Und vergessen Sie nicht: Sie machen genauso Fehler, geben Sie sie ruhig auch mal zu.

Zum Thema Wertschätzung und Anerkennung gehört, dass Sie Ihre Mitarbeiter für gute Leistungen loben. Es wird vermutlich kaum die Gefahr bestehen, dass Sie zu viel loben – also geizen Sie nicht mit Ihrer Anerkennung. Die Kehrseite des Lobs ist der Tadel. Auch Tadeln gehört zu Ihren Führungsaufgaben – aber bitte fair, sachlich und unter vier Augen. Vermeiden Sie den Gesichtsverlust Ihres Mitarbeiters – überlegen Sie, wie Sie sich in seiner Situationen fühlen würden, oder möchten Sie gern vor versammelter Mannschaft bloßgestellt werden?

Ihre neue Aufgabe ist es, Führungskraft zu sein

Sie werden zukünftig dafür bezahlt, dass Sie Ihre Mitarbeiter führen, fördern und fordern, um gemeinsam Unternehmensziele zu erreichen. Je mehr und je selbstverständlicher Sie diese Aufgabe wahrnehmen, desto weniger wird Ihr Führungsanspruch angezweifelt. Eine (gute) Führungskraft sind Sie jedoch nicht aufgrund Ihrer fachlichen Qualifikationen oder Ihrer Position innerhalb der Unternehmenshierarchie, sondern aufgrund Ihrer Ausstrahlung und Ihrer emotionalen und geistigen Intelligenz. Riskieren Sie es, sich mit Ansichten oder Entscheidungen, von denen Sie überzeugt sind, unbeliebt zu machen. Als Chef wollen Sie nicht von allen geliebt werden. Das Höchste, was die Menschen in Ihrem beruflichen Umfeld Ihnen entgegenbringen können, sind Respekt,

Wertschätzung und Vertrauen. Das ist Ihr Ziel – nicht, „everybody's darling" zu sein. Sagen Sie Ja zu Ihrer Aufgabe als Führungskraft und Ihrer Verantwortung. Ein Zurück gibt es jetzt sowieso nicht mehr.

Ich wünsche Ihnen viel Erfolg und eine positive Einstellung bei Ihrer Entwicklung zu einer guten Führungskraft (schlechte gibt es schon genug).

Weitere Tipps und Anregungen zum Thema Führung finden Sie:

In Büchern:

Ali, M. et al.
Praxishandbuch Erfolgreich führen
London, Dorling Kindersley, 2003
ISBN 3-8310-0521-4

Über 800 Seiten geballtes Praxiswissen zu den unterschiedlichsten Führungsfragen, angereichert mit unzähligen Tipps und Empfehlungen. Sehr übersichtlich gestaltet, leicht zu lesen und unmittelbar umzusetzen.

Blanchard, K. und Muchnik, M.
Die Leadership-Pille: Was Mitarbeiter heute wirklich motiviert
Hamburg, Hoffmann und Campe, 2004
ISBN 3-455-09441-4

Die Autoren bringen anhand einer kurzen Geschichte sehr plastisch auf den Punkt, worauf es beim Leadership ankommt. Meine Empfehlung: lesen und umsetzen.

Schulz von Thun, F.; Ruppel, J. und Stratmann, R.
Miteinander reden: Kommunikationspsychologie für Führungskräfte
Hamburg, Rowohlt Taschenbuch Verlag, 2003
ISBN 3-499-61531-2

Was Sie als Führungskraft über Kommunikation wissen sollten – gut lesbar und anhand vieler Beispiele aufbereitet.

Zielke, C.
Management Trainer
Planegg, Haufe, 2004
ISBN 3-448-06229-4

Die wichtigsten Führungs- und Managementaufgaben im Taschenformat auf den Punkt gebracht – inklusive CD-ROM, Checklisten und Fragen zur Selbstüberprüfung.

Auf einer Literaturliste zum Thema Management, Führung und Motivation dürfen natürlich auch Bücher von international bekannten und renommierten Experten nicht fehlen. Die nachfolgenden Tipps beziehen sich nicht speziell auf Ihre ersten Herausforderungen als Führungskraft, sondern eignen sich eher zur Vertiefung:

Buckingham, M. und Coffman, C.
First break all the rules: What the world's greatest managers do differently
New York, Simon & Schuster, 1999
ISBN 0-684-85286-1

Covey, S. R.
Die effektive Führungspersönlichkeit: Management by principles
Frankfurt/New York, Campus, 1999
ISBN 3-593-34820-9

Garten, J. E.
The mind of the C.E.O.
New York, Perseus Publishing Group, 2002
ISBN 0-465-02616-8

Green, R.
Power: Die 48 Gesetze der Macht
München, Deutscher Taschenbuch Verlag,
2002
ISBN 3-423-36248-0

Harvard Business Manager
Motivation: Was Manager und Mitarbeiter
antreibt
Frankfurt, Redline Wirtschaft bei ueberreu-
ter, 2004,
ISBN 3-8323-1070-3

Malik, F.
Führen, Leisten, Leben. Wirksames
Management für eine neue Zeit
München, Heyne, 2001,
ISBN 3-453-19684-8

Senge, P.
Die fünfte Disziplin
Stuttgart, Klett-Cotta, 1999
ISBN 3-608-91379-3

Sprenger, R. K.
Die Entscheidung liegt bei dir: Wege aus
der alltäglichen Unzufriedenheit
Frankfurt/New York, Campus Verlag, 2004
ISBN 3-593-37442-0

In Zeitschriften:

Interessante und aktuelle Artikel rund um die Themen Management und Leadership finden Sie in den monatlich erscheinenden Zeitschriften *Harvard Business Manager* und der englischsprachigen Originalausga-be *Harvard Business Review*. (Die beiden Magazine behandeln unterschiedliche The-men.)

Im Internet:

www.coach-profile.de beziehungsweise
www.coach-datenbank.de
Wenn Sie einen Coach zur professionellen Unterstützung Ihrer Entwicklung suchen, werden Sie in den Datenbanken von Chris-topher Rauen fündig.

www.sgbs.com
Die St. Galler Business School bietet ver-schiedene Seminare zu den Themen Leader-ship, Persönliche Führungskompetenz und Die eigene Management-Kraft steigern an. Die Seminare zeichnen sich durch ihre hohe Praxisrelevanz und die große Fachkompe-tenz der Referenten aus.

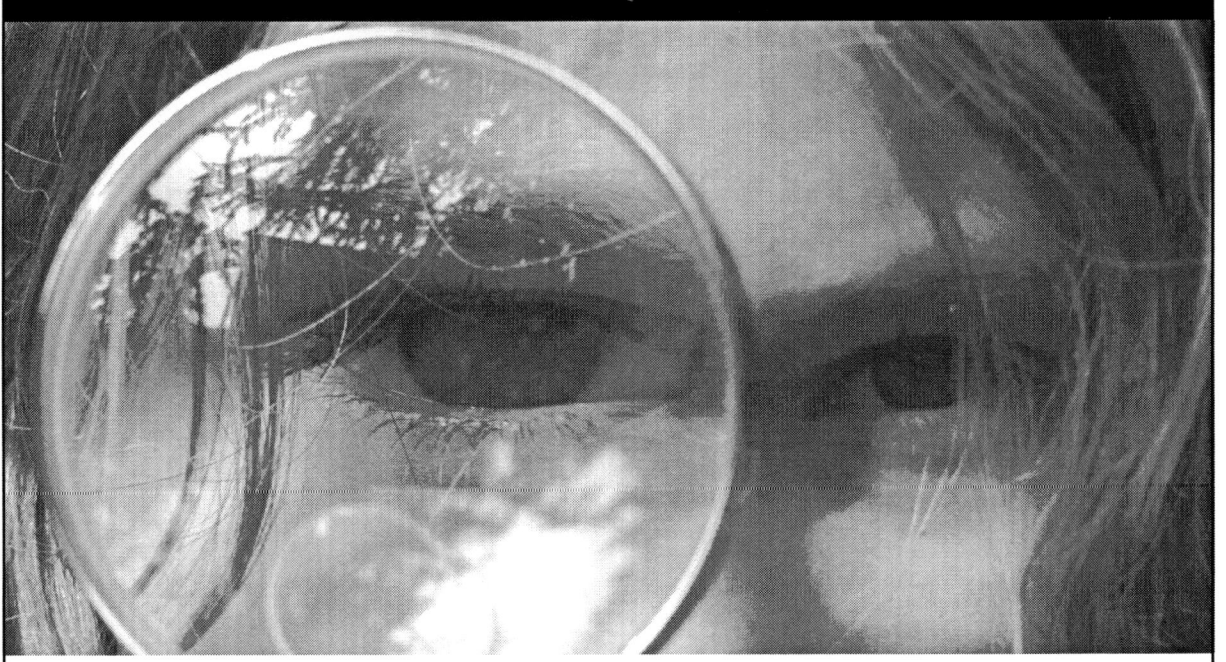

BusinessVillage - Update your Knowledge!

Direct-Marketing

294 Direktmarketing per email, Britta Reinhard
361 **Effizientes Suchmaschinen-Marketing, Thomas Kaiser***
546 Telefonmarketing, Robert Ehlert, Annemike Meyer
563 Telefonmarketing- Kampagnen, Markus Grutzeck
572 Direktmarketing in Echtzeit, Robert Biermann
584 Perfekt texten, Detlef Krause
586 Adress- und Kundendatenbanken für das Direktmarketing, Carsten Kraus

Kundenbindung

476 Beschwerdemanagement, Klaus Erlbeck
567 **Zukunftstrend Kundenloyalität, Anne M. Schüller***
570 Couponing in der Praxis, Sebastian Dierks; Dirk Ploss
573 Kundenwert durch Kundenbindung in der Praxis, Kolja Wehleit; Arno Bublitz
577 CRM erfolgreich einsetzen, Prof. Dr. Heinrich Holland

Marketing-Strategien

454 Professionelle Preisfindung, Georg Wübker
533 Corporate Identity ganzheitlich gestalten, Volker Spielvogel
574 Marktsegmentierung in der Praxis, Jens Böcker; Katja Butt; Werner Ziemen
603 Die Kunst der Markenführung, Holger Schunk
612 Cross-Marketing und Strategische Allianzen, Jens Böcker; Werner Ziemen; Petra Born

Werbung

475 Virales Marketing, Sascha Langner
500 Leitfaden Ambient Media, Kolja Wehleit
576 Plakat- und Verkehrsmittelwerbung, Sybille Anspach
585 Erfolgreiche Online-Werbung, Marius Dannenberg; Frank Wildschütz

Zielgruppenmarketing

566 Seniorenmarketing, Hanne Meyer-Hentschel; Gundolf Meyer-Hentschel
571 Generation 40+ Marketing, Elke Verheugen

Präsentieren und konzipieren

579 Kreativität in Meeting und Team, Kerstin Meier
590 **Konzepte ausarbeiten – schnell und effektiv, Sonja Klug***
600 Mind Mapping, Sabine Schmelzer
632 Texte schreiben – einfach, klar, verständlich, Günther Zimmermann
635 Schwierige Briefe perfekt schreiben, Michael Brückner

Persönlicher Erfolg

591 Bessere Geschäftsbeziehungen, Marzella Arndt; Peter Arndt
604 Die Magie der Effektivität, Stéphane Etrillard
620 Zeitmanagement, Annette Geiger
624 Gesprächsrhetorik, Stéphane Etrillard
631 Alternatives Denken, Albert Metzler

Richtig führen

588 Zukunftstrend Mitarbeiterloyalität, Anne M. Schüller
614 Mitarbeitergespräche richtig führen, Annelies Helff; Miriam
616 Plötzlich Führungskraft, Christiane Drühe-Wienholt
629 Erfolgreich Führen durch gelungene Kommunikation, Stéphane Etrillard; Doris Marx-Ruhland
643 Führen mit Coaching, Ruth Hellmich

PR und Kommunikation

468 Wie Profis Sponsoren gewinnen!, Roland Bischof
478 Kundenzeitschriften, Thomas Schmitz
506 Besser texten, mehr verkaufen auf Corporate Websites, Stefan Heijnk
565 Online PR, Dirk Jasper
569 **Professionelle Pressearbeit, Annemike Meyer***
595 Interne Kommunikation. Schnell und effektiv, Caroline Niederhaus
653 Public Relations, Hajo Neu, Jochen Breitwieser

Vertrieb und Verkaufen

479 Messemarketing, Elke Clausen
543 Verkaufen für Techniker, Tim Cole
561 Erfolgreich verkaufen an anspruchsvolle Kunden, Stéphane Etrillard
562 Vertriebsmotivation und Vertriebssteuerung, Stéphane Etri
605 Fit für die Neukundengewinnung, Rolf Leicher
618 Events und Veranstaltungen professionell managen, Melanie Dressler
619 Erfolgreich verhandeln, erfolgreich verkaufen, Anne M. Sch
587 Zukunftstrend Empfehlungsmarketing, Anne M. Schüller

Gründen und Finanzen

622 Die Bank als Gegner, Ernst August Bach; Volker Friedhoff; Ulrich Qualmann
634 Forderungen erfolgreich eintreiben, Christine Kaiser
656 Praxis der Existenzgründung – Erfolgsfaktoren für den Star Werner Lippert
657 Praxis der Existenzgründung – Marketing mit kleinem Budg Werner Lippert
658 Praxis der Existenzgründung – Die Finanzen im Griff, Werner Lippert

Faxen Sie dieses Blatt an: +49 (5 51) 20 99-105

Oder senden Sie diesen Coupon an:
BusinessVillage GmbH
Reinhäuser Landstraße 22, 37083 Göttingen
Tel. +49 (5 51) 20 99-100
info@businessvillage.de

BusinessVilla

* BusinessVillage Bestseller

Ja, hiermit bestelle ich: (Alle Praxisleitfäden der Edition PRAXIS.WISSEN kosten € 21,80)

Menge	Art.-Nr.	Titel	Einzelpre
1	649	>> KOSTENLOS – Erfolgsfaktoren	€ 0,00
			€ 21,80
			€ 21,80
			€ 21,80
			€ 21,80

Firma

Vorname

Name

Straße

PLZ   Ort

Telefon

eMail

Datum, Unterschrift